高等学校计算机教材

C语言程序设计实训教程

主　编◎汪　蓉　金国念　汪志勇　杨　胜

电子工业出版社
Publishing House of Electronics Industry
北京·BEIJING

内 容 简 介

本书是《C 语言程序设计》（夏力超等主编）配套的教学参考书，覆盖了《C 语言程序设计》中的重要知识点，按知识点组织了 12 个基础模块和 4 个综合模块，并列出了全国计算机等级考试二级 C 语言程序设计考试大纲。

本书中的所有代码均在 Microsoft Visual C++ 2010 学习版中测试通过。本书既可作为学习 C 语言和进行上机实验的参考书，又可作为备考全国计算机等级考试二级 C 语言程序设计的参考书。

图书在版编目（CIP）数据

C 语言程序设计实训教程 / 汪蓉等主编. —北京：电子工业出版社，2023.11

ISBN 978-7-121-46752-3

Ⅰ．①C… Ⅱ．①汪… Ⅲ．①C 语言－程序设计－教材 Ⅳ．①TP312.8

中国国家版本馆 CIP 数据核字（2023）第 225761 号

责任编辑：寻翠政

印　　刷：三河市华成印务有限公司

装　　订：三河市华成印务有限公司

出版发行：电子工业出版社

　　　　　北京市海淀区万寿路 173 信箱　　　　邮编：100036

开　　本：787×1092　　1/16　　印张：17.5　　字数：405 千字

版　　次：2023 年 11 月第 1 版

印　　次：2024 年 1 月第 2 次印刷

定　　价：58.00 元

前　言

C 语言程序设计是一门实践性很强的课程，需要进行大量的实践。只有在实践中遇到问题，分析问题，解决问题，才能更好地理解 C 语言，并最终学会利用 C 语言解决实际问题。本书从 3 个方面组织内容，以帮助读者提高 C 语言的理解和实践能力。

首先，本书中安排了大量的基础模块，覆盖了《C 语言程序设计》中的重要知识点，通过实验引导，可以提高读者对 C 语言的理解和运用的能力。

其次，本书中安排了 4 个综合模块，其目的是让读者在现实世界中，思考如何利用计算机程序来解决问题，以进一步提高读者分析问题和解决问题的能力。

最后，本书中安排了大量的课后习题，可以帮助读者进一步巩固知识点。

本书中的内容共包括两大部分。

第一部分为基础模块训练，包括 12 个基础模块，每个基础模块的实验内容又被进一步细分为基础训练、进阶训练和深入思考 3 个层次。基础训练用于帮助读者掌握对应的知识点；进阶训练用于帮助读者进一步拓展知识点；深入思考用于帮助读者了解所学知识点能处理的实际问题，以进一步提高读者分析问题和解决问题的能力。每个基础模块都安排了大量的课后习题，以帮助读者复习和巩固对应的知识点。

第二部分为综合模块训练，本书中安排了 4 个使用 C 语言解决实际问题的综合模块训练。读者可以通过上机操作完成训练，进一步挖掘计算机编程与实际应用的紧密关系。

由于时间仓促，以及编者水平有限，本书中难免存在不妥之处，恳请广大读者批评指正。

目　　录

第一部分

基础模块训练

模块 1

C 语言入门

1.1 实验目的

（1）熟悉 C 语言的实验环境，了解 C 语言程序的编辑、编译、链接和运行流程。

（2）熟悉一般 C 语言程序结构，对头文件、主函数、函数体的语法有一个基本的认识。

（3）能解决上机过程中遇到的常见问题。

（4）掌握算法的基本概念，掌握程序设计的一般流程。

（5）初步了解输入函数和输出函数的使用方法。

1.2 实验准备

（1）复习 Microsoft Visual C++ 2010 学习版的安装和设置的相关内容。

（2）复习 C 语言程序的基本结构。

（3）复习算法的基本知识。

1.3 实验内容

1.3.1 基础训练

训练 1：创建 Win32 控制台项目

第一步：启动 Microsoft Visual C++ 2010 学习版

单击"开始"→"程序"→"Microsoft Visual C++ 2010 Express"→"Microsoft Visual C++ 2010 Express"命令，即可启动 Microsoft Visual C++ 2010 学习版。正常启动 Microsoft

Visual C++ 2010 学习版后，可以看到如图 1.1 所示的 Microsoft Visual C++ 2010 学习版主窗口。

图 1.1　Microsoft Visual C++ 2010 学习版主窗口

第二步：新建项目

在 Microsoft Visual C++ 2010 学习版主窗口的菜单栏中，单击"文件"→"新建"→"项目"命令（见图 1.2），也可以按组合键 Ctrl+Shift+N。

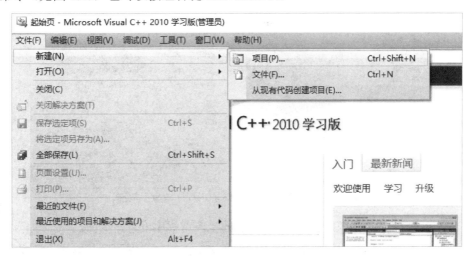

图 1.2　新建项目 1

弹出"新建项目"对话框，如图 1.3 所示。单击左侧的"已安装的模板"下的"Visual

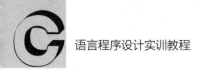

C++"选项，并单击"Win32 控制台应用程序"选项，在"名称"文本框中输入项目名称，单击"位置"文本框右侧的"浏览"按钮，选择项目保存的目录，此时解决方案名称会自动和项目名称保持一致，单击"确定"按钮。

图 1.3　新建项目 2

弹出如图 1.4 所示的"欢迎使用 Win32 应用程序向导"界面。

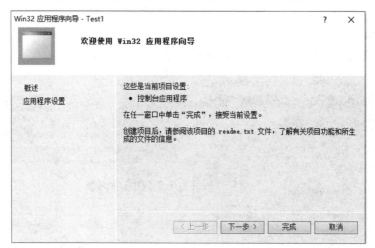

图 1.4　"欢迎使用 Win32 应用程序向导"界面

单击"下一步"按钮，弹出如图 1.5 所示的"应用程序设置"界面。

在"附加选项"选项组中勾选"空项目"复选框，其他设置不变，单击"完成"按钮，打开如图 1.6 所示的项目编辑窗口。在"解决方案资源管理器"对话框中可以看到在"Test1"项目中包含一个虚拟文件夹和三个空文件夹。

图 1.5　"应用程序设置"界面

图 1.6　项目编辑窗口

第三步：新建一个 C 语言程序文件

在"源文件"文件夹上右击，会显示操作上下文菜单，单击"添加"→"新建项"命令（见图 1.7），打开如图 1.8 所示的"添加新项"对话框。

图 1.7　单击"新建项"命令

图1.8　"添加新项"对话框

单击左侧的"已安装的模板"下的"Visual C++"选项，并单击"C++文件(.cpp)"选项，在"名称"文本框中输入新建C语言程序文件的名称，单击"添加"按钮。

在项目编辑窗口的"Test1"项目的"源文件"文件夹中和工程窗口中都显示出了当前要编辑的文件名称"Test1.cpp"，如图1.9所示。

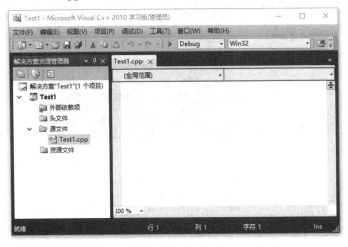

图1.9　显示文件名称"Test1.cpp"

此时，项目编辑窗口被激活，可以在其中编译C语言程序。

训练2：编译C语言程序

一个C语言程序可以非常简单，也可以特别复杂，这取决于程序所要实现的功能。

代码如下：

```
#include <stdlib.h>                    /*引入标准库头文件*/
#include <stdio.h>                     /*引入输入/输出库头文件*/


int main()
{
    printf("Hello world! \n");         //输出信息
```

```
    system("pause");                       //暂停并显示：请按任意键继续...
    return 0;
}
```

（1）对于初学者而言，一个简单的 C 语言程序的整体结构由 4 个部分组成，如图 1.10 所示。

```
#include <stdlib.h> /*引入标准库头文件*/
#include <stdio.h>  /*引入输入/输出库头文件*/
                                    1. 引入函数库头文件

int main()
{
                                    2. main函数开始的代码

    printf("Hello world! \n"); //输出信息
                                    3. 实现功能的代码

    system("pause"); //暂停并显示：显示请按任意键继续...
    return 0;
}
                                    4. main函数结束的代码
```

图 1.10　简单的 C 语言程序的组成部分

（2）第一部分是引入函数库头文件的代码。C 语言实现了很多常见功能的函数，这些函数的声明保存于不同的函数库头文件中。在代码中使用这些函数时，需要有此部分引入函数对应的头文件，如 system 函数对应的函数库头文件是 stdlib.h，printf 函数对应的函数库头文件是 stdio.h。

（3）第二部分是 main 函数开始的代码。int 表示函数返回整数，main 表示函数名称是 main，"()"表示函数的形参列表为空，"{"表示函数体代码的开始。对于简单的 C 语言程序来说，这部分是固定的。

（4）第三部分是实现功能的代码。要编写简单的 C 语言程序主要应修改这部分的内容。

（5）第四部分是 main 函数结束的代码。语句 system("pause");表示让程序暂停一下，以便查看输出的信息。语句 return 0;表示返回整数 0。"}"表示函数体代码的结束。对于简单的 C 语言程序来说，这部分是固定的。

（6）在 C 语言程序中，为了方便他人理解，通常会增加一些说明性注释。在 C 语言程序中，注释由 "/*" 开始，由 "*/" 结束，可以实现多行注释。当然，也可以使用 "//" 进行单行注释。

训练 3：编译、生成、运行程序

程序只有经过编译和生成，才能运行。

第一步：编译程序

通过编译，可以检查程序中是否存在语法错误，并生成目标文件。

在"源文件"文件夹中的"Test1.cpp"文件上右击，会显示操作上下文菜单，单击"编

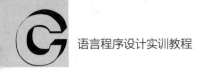

译"命令即可对程序进行编译，如图 1.11 所示。此外，也可以通过按组合键 Ctrl+F7 对程序进行编译。

图 1.11　对程序进行编译

如果程序中存在语法错误，那么可以通过双击提示信息定位到错误所在的代码行。例如，把 printf 语句的分号去掉，编译时会出现如图 1.12 所示的语法错误。根据"输出"对话框中的提示信息"缺少';'（在标识符'system'的前面）"，以及编辑区中的蓝色提示箭头，可以直接定位到错误处进行修改。

图 1.12　编译时出现的语法错误

值得注意的是，语法错误分为 error 和 warning 两类。error 是一类致命错误，如果程序中有此类错误那么无法生成目标程序，更不能执行程序。warning 则是一类相对轻微的错误，不会影响目标文件及可执行文件的生成，但有可能影响程序的运行结果。因此，建议最好把所有错误（无论是 error 还是 warning）——修正。

第二步：生成程序

链接将生成可执行文件。在 Microsoft Visual C++ 2010 学习版中，程序链接已经更改为程序生成。

在"Test1"项目上右击，会显示操作上下文菜单，单击"生成"命令即可对程序进行生成，如图 1.13 所示。此外，也可以通过按组合键 Ctrl+F7 对程序进行生成。生成的结果会出现在"输出"对话框中，如图 1.14 所示。如果生成失败，那么同样会显示生成失败的具体原因。

说明，即使没有对程序进行编译，也可以直接对程序进行生成。此时，Microsoft Visual C++ 2010 学习版会自动进行程序编译，若没有编译错误，则 Microsoft Visual C++ 2010 学习版自动进行程序生成。

图 1.13　对程序进行生成

图 1.14　程序的生成结果

9

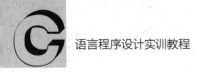

第三步：运行程序

单击菜单栏中的"调试"→"启动调试"命令可以开始运行程序。此外，单击工具栏中的 ▶ 按钮或通过按 F5 键也可以开始运行程序。开始程序运行后，将弹出一个窗口，显示程序的运行结果，如图 1.15 所示。

图 1.15　程序的运行结果

说明，在编译程序后，也可以直接运行程序。此时，Microsoft Visual C++ 2010 学习版会显示如图 1.16 所示的提示对话框。单击"是"按钮，就可以开始运行程序了。若程序没有编译和生成错误，则会自动运行程序。

图 1.16　提示对话框

1.3.2　进阶训练

进阶 1：鹦鹉学舌问题

有一只鹦鹉，学舌能力超强，无论你说什么，它都能丝毫不差地重复出来。编写一个程序，模拟鹦鹉的学舌能力。要求程序能接收用户输入的一句话，并将其原封不动地输出。

约定："一句话"是指一行文本，可以包含中文、英文、数字、空格和标点符号，以回车符结尾，最多输入 99 个字符。

代码如下：

```
/* 注意：代码中出现的符号，都是英文标点符号，如"<>""()""[]""{}"";""="等 */
#include <stdlib.h>  /*引入标准库头文件*/
#include <stdio.h>   /*引入输入/输出库头文件*/
```

```
int main()
{
    char message[100]={'\0'};       /*定义字符数组, 存储 99 个字符*/
    gets_s(message,100);            /*输入最多包含 99 个字符的一句话*/

    puts(message);                  /*将这句话输出到屏幕上*/

    system("pause");                /*暂停并显示:请按任意键继续...*/
    return 0;
}
```

运行结果如图 1.17 所示。

图 1.17　进阶 1 的运行结果

📖分析:

使用 gets_s 函数输入一句话,可以包含中文、英文、数字、空格和标点符号,以回车符结尾。使用 puts 函数将这句话输出到屏幕上。

进阶 2:王老先生儿歌问题

儿歌《王老先生有块地》简单生动,朗朗上口。其歌词有 4 段,每段除动物名和其发出声音的拟声词不一样外,其余都一样。鸡、鸭、羊和狗 4 种动物分别发出叽叽、嘎嘎、咩咩和汪汪的声音。第一段的歌词如下:

王老先生有块地　咿呀咿呀哟

他在田边养小鸡　咿呀咿呀哟

叽叽叽　叽叽叽　叽叽叽叽叽　叽叽叽叽

例如,程序运行时输入:

羊　咩

输出:

王老先生有块地　咿呀咿呀哟

他在田边养小羊　咿呀咿呀哟

咩咩咩　咩咩咩　咩咩咩咩咩　咩咩咩咩

代码如下:

```
/* 注意: 代码中出现的符号, 都是英文标点符号, 如 "<>" "()" "[]" "{}" ";" "=" 等 */
#include <stdlib.h>          /*引入标准库头文件*/
#include <stdio.h>           /*引入输入/输出库头文件*/
```

```
int main()
{
    char a[5]={'\0'};      /*定义字符数组,存储动物名称*/
    char v[5]={'\0'};      /*定义字符数组,存储动物声音*/

    printf("输入动物: ");
    scanf_s("%s",a,5);     /*输入动物名称,一个中文汉字*/

    printf("输入声音: ");
    scanf_s("%s",v,5);     /*输入动物声音,一个中文汉字*/

    /*输出儿歌,注意%s和变量一一对应,各15个*/
    printf("王老先生有块地 咿呀咿呀哟\n");
    printf("他在田边养小%s 咿呀咿呀哟\n",a);
    printf("%s%s%s %s%s%s %s%s%s%s%s %s%s%s%s%s\n",v,v,v,v,v,v,v,v,v,v,v,v,v,v,v);

    system("pause"); /*暂停并显示:请按任意键继续...*/
    return 0;
}
```

运行结果如图 1.18 所示。

图 1.18   进阶 2 的运行结果

📖 **分析:**

使用 scanf_s 函数输入动物名称和动物声音,使用 printf 函数将格式化的儿歌输出到屏幕上。

1.3.3   深入思考

思考:"百钱买百鸡"问题

计算机的特点是运算速度快、精度高。利用计算机解决问题比较简单的思想是穷举法,即对要解决问题的所有可能情况,一个不漏地进行检验,从中找出符合要求的答案。

中国著名的数学家张丘建在《算经》中提出了一个著名的"百钱买百鸡"问题:鸡翁一,值钱五,鸡母一,值钱三,鸡雏三,值钱一,百钱买百鸡,问翁、母、雏各几何?

代码如下:

```
/* 注意:代码中出现的符号,都是英文标点符号,如"<>""()""[]""{}"";""="等 */
#include <stdlib.h>  /*引入标准库头文件*/
```

```
#include <stdio.h>    /*引入输入/输出库头文件*/

int main()
{
    printf("鸡翁\t 鸡母\t 鸡仔\n");

    for (int i=1; i<20; i++)        /*鸡翁数可能的取值范围*/
    {
        for (int j=1; j<33; j++)    /*鸡母数可能的取值范围*/
        {
            int k=100-i-j;          /*先计算鸡仔数可能的取值,再进行检验*/
            if (i*5+j*3+k/3==100 && k%3==0)
            {
                printf("%d\t%d\t%d\n",i,j,k);
            }
        }
    }

    system("pause");               /*暂停并显示:请按任意键继续...*/
    return 0;
}
```

运行结果如图 1.19 所示。

图 1.19　思考的运行结果

1.4　章节要点

（1）C 语言程序上机操作的主要流程。

（2）算法的概念、算法的主要特性及常见算法。

（3）结构化程序设计的基本思想及主要原则。

1.5　课后习题

一、选择题

1. C 语言程序的基本单位是（　　）。

A. 程序行　　　　　B. 语句　　　　　　　C. 函数　　　　　D. 字符

2．以下说法中正确的是（　　　）。

　　A．C 语言程序总是从第一个函数开始执行的

　　B．在 C 语言程序中，必须在 main 函数中定义要调用的函数

　　C．C 语言程序总是从 main 函数开始执行的

　　D．C 语言程序中的 main 函数必须放在程序的开始

3．以下叙述中正确的是（　　　）。

　　A．在 C 语言程序中，main 函数必须位于最前面

　　B．C 语言程序的每行中只能写一条语句

　　C．C 语言本身没有输入输出语句

　　D．在对一个 C 语言程序进行编译的过程中，可以发现注释中的拼写错误

4．以下叙述中不正确的是（　　　）。

　　A．一个 C 语言程序可以由一个或多个函数组成

　　B．一个 C 语言程序必须包含一个 main 函数

　　C．C 语言程序的基本组成单位是函数

　　D．在 C 语言程序中，注释只能位于一条语句的后面

5．C 语言规定：在一个 C 语言程序中，main 函数（　　　）。

　　A．必须在最开始　　　　　　　　　B．必须在系统调用的库函数的后面

　　C．可以在任意位置　　　　　　　　D．必须在最后

6．一个 C 语言程序由（　　　）。

　　A．一个主程序和若干个子程序组成

　　B．函数组成

　　C．若干个过程组成

　　D．若干个子程序组成

7．以下叙述中正确的是（　　　）。

　　A．构成 C 语言程序的基本单位是函数

　　B．可以在一个函数中定义另一个函数

　　C．main 函数必须放在其他函数之前

　　D．所有被调用的函数一定要在调用之前进行定义

8．结构化程序设计主要强调的是（　　　）。

　　A．程序的规模　　　　　　　　　　B．程序的易读性

　　C．程序的执行效率　　　　　　　　D．程序的可移植性

9．以下叙述中错误的是（　　　）。

　　A．计算机不能直接执行用 C 语言编写的程序

　　B．C 语言程序经编译后生成的后缀为.obj 的文件是一个二进制文件

　　C．后缀为.obj 的文件经连接程序生成后缀为.exe 的文件是一个二进制文件

D．后缀为.obj 和.exe 的二进制文件都可以直接运行

10．在 C 语言中，每个语句都必须以（　　　）结束。

A．回车符　　　　　B．冒号　　　　　　C．逗号　　　　D．分号

二、填空题

1．在 C 语言中，输入操作是由_____函数完成的，输出操作是由_____函数完成的。

2．一个 C 语言程序中至少应包括一个_____函数。

3．每条执行语句都以_____结尾。

4．要引用头文件应使用_____。

5．\n 的作用是_____。

1.6 习题答案

一、选择题

1．C　　2．C　　3．C　　4．D　　5．C　　6．B　　7．A　　8．B　　9．D

10．D

二、填空题

1．scanf　printf　　2．main　　3．分号　　4．#include　　5．换行

模块 2

数据类型、运算符和表达式

2.1 实验目的

（1）熟悉 C 语言中的基本数据类型，掌握不同数据类型数据的表示方式。

（2）熟悉 C 语言中的基本运算符，掌握运算符的优先级和运算性质。

（3）掌握变量的定义、初始化、赋值、运算的基本规律。

（4）掌握 C 语言中的表达式，能利用 C 语言中的表达式完成一般科学计算问题。

2.2 实验准备

（1）复习 C 语言中数据类型与变量的相关内容。

（2）复习 C 语言中各种运算符和表达式等的相关内容。

2.3 实验内容

2.3.1 基础训练

训练 1：变量的先定义，后使用的应用

举出 char、int、long、float 和 double 类型数据的一种输出情况。

代码如下：

```c
#include <stdlib.h>
#include <stdio.h>


int main()
{
    /* char 类型变量的定义与使用 */
```

```
    char ch = 'A';
    printf("字符: %c\n", ch);

    /* int 类型变量的定义与使用 */
    int i = 1024;
    printf("整数: %d\n", i);

    /* long 类型变量的定义与使用 */
    long l = 8848;
    printf("长整数: %ld\n", l);

    /* float 类型变量的定义与使用 */
    float f = 3.14f;
    printf("单精度实数: %f\n", f);

    /* double 类型变量的定义与使用 */
    double d = 6.28;
    printf("双精度实数: %lf\n", d);

    system("pause");
    return 0;
}
```

运行结果如图 2.1 所示。

图 2.1　训练 1 的运行结果

分析：

（1）不同类型的变量存储不同特性的数据，数值的输入输出格式控制符也不同。

（2）在 C 语言中，直接写 3.14 表示 double 类型数据，要表示单精度实数，需要在数据后面使用字符 f，如 3.14f。

训练 2：算术运算符及其表达式的应用

输入圆的半径 r，计算圆的面积 s 及圆的周长 c，规定圆周率约等于 3.14。

代码如下：

```
#include <stdlib.h>
#include <stdio.h>


int main()
```

```
{
    float r, s, c;

    printf("请输入圆的半径: ");
    scanf_s("%f",&r);

    s=3.14f*r*r;
    c=2*3.14f*r;

    printf("圆的面积为: %f, 周长为: %f\n", s, c);

    system("pause");
    return 0;
}
```

运行结果如图 2.2 所示。

图 2.2 训练 2 的运行结果

分析:

二元算术运算符:"+"(求和)、"−"(求差)、"*"(求积)、"/"(求商)、"%"(求余)。

训练 3:关系运算符及其表达式的应用

输入两个不同的整数,并比较其大小。

代码如下:

```
#include <stdlib.h>
#include <stdio.h>

int main()
{
    int a,b;
    char ch;

    printf("请输入 a,b 两个数: ");
    scanf_s("%d%d", &a, &b);

    ch=a>b?'a':'b';

    printf("%c 的值大! \n",ch);

    system("pause");
```

```
    return 0;
}
```

运行结果如图 2.3 所示。

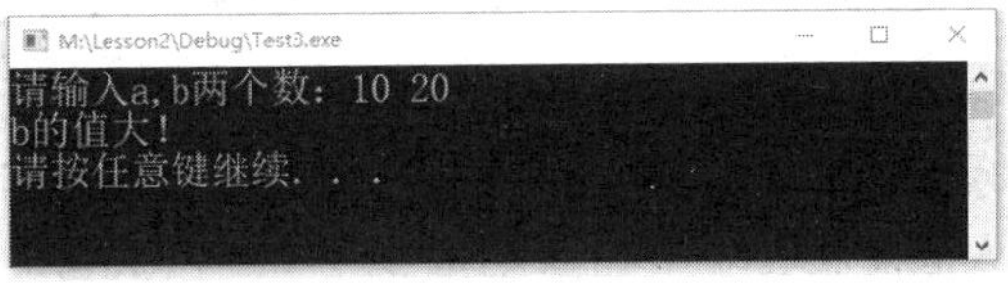

M:\Lesson2\Debug\Test3.exe
请输入a,b两个数: 10 20
b的值大!
请按任意键继续. . .

图 2.3　训练 3 的运行结果

分析：

（1）关系运算符用于测试两个操作数之间的关系，结果为真或假。C 语言中有 6 种关系运算符：">"（大于）、"<"（小于）、">="（大于或等于）、"<="（小于或等于）、"!="（不等于）、"=="（等于）。

（2）"?:" 为条件运算符，当 "?" 前为真值时，表达式的值为 ":" 前的值；当 "?" 前为假值时，表达式的值为 ":" 后的值。其功能与 if-else 语句类似，可以对照理解。

训练 4：逻辑运算、位运算及其表达式的应用

运行以下程序，分析逻辑运算与位运算的结果。

代码如下：

```
#include <stdlib.h>
#include <stdio.h>

int main()
{
    unsigned char a=3,b=3,c;

    c=a&&b;
    printf("逻辑与运算结果:%d\n",c);

    c=a&b;
    printf("按位与运算结果:%d\n",c);

    system("pause");
    return 0;
}
```

运行结果如图 2.4 所示。

M:\Lesson2\Debug\Test4.exe
逻辑与运算结果:1
按位与运算结果:3
请按任意键继续. . .

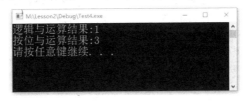

图 2.4　训练 4 的运行结果

分析：

（1）在逻辑运算的表达式中，当操作数不是真、假数据时，计算机按非 0 为真，0 为假的规则处理。在表达式 c=a&&b 中，由于变量 a 和 b 的值都不为 0，因此表达式的结果为真。同时，若将真、假结果按数值输出，则真对应 1 且假对应 0。

（2）在进行位运算时，计算机会将十进制数转换成二进制数，并将对应二进制数的每位进行按位与运算，将结果转换成十进制数输出。

2.3.2　进阶训练

进阶 1：自增与自减的区别

运行以下程序，掌握 i++ 和 ++i 的区别。

代码如下：

```c
#include <stdlib.h>
#include <stdio.h>

int main()
{
    int a=1, b=1;

    printf("执行 a++ 运算时:%d\n",a++); /* 先使用 a 的值，后自增 1 */
    printf("执行 a++ 运算后:%d\n",a);

    printf("执行++b 运算时:%d\n",++b); /* 先自增 1，后使用其值 */
    printf("执行++b 运算后:%d\n",b);

    system("pause");
    return 0;
}
```

运行结果如图 2.5 所示。

图 2.5　进阶 1 的运行结果

分析：

执行 a++ 运算时，先使用 a 的值，再执行 a+1 操作；执行++b 运算时，先执行 b+1 操作，再使用其值。

进阶 2："="与"=="的区别

运行以下程序，掌握"="与"=="在条件表达式中的区别。

代码如下：

```
#include <stdlib.h>
#include <stdio.h>

int main()
{
    int a=0, b=0;

    if(a=3) printf("a=3 为真! \n");
    else printf("a=3 为假! \n");

    if(b==3) printf("b==3 为真! \n");
    else printf("b==3 为假! \n");

    system("pause");
    return 0;
}
```

运行结果如图 2.6 所示。

图 2.6　进阶 2 的运行结果

分析：

（1）"="是赋值运算符，作用是将右侧表达式的值赋给左侧变量。变量 a 的初始值为 0，执行条件表达式 a=3 时，计算机先赋值，即变量 a 的值为 3，再判断变量 a 的值是否为真。由"非 0 为真"的规则可知，条件表达式的结果为真。

（2）"=="是逻辑运算符，作用是判断两侧的值是否相等。变量 b 的初始值为 0，执行条件表达式 b==3 时，明显可知结果为假。

进阶 3：正整数各位数之和的计算

输入一个正整数，输出该数的各位数之和，体会除法和求余运算的应用。

代码如下：

```
#include <stdlib.h>
#include <stdio.h>

int main()
{
```

```
    int n, m=0;
    printf("请输入一个正整数：");
    scanf_s("%d",&n);

    while(n!=0)
    {
        m=m+n%10;      /* 逐一取得末尾的数，实现累加 */
        n=n/10;        /* 逐一去除末尾的数 */
    }

    printf("总和: %d\n", m);

    system("pause");
    return 0;
}
```

运行结果如图 2.7 所示。

图 2.7　进阶 3 的运行结果

📖 **分析：**

由于"%"用于进行求余运算，因此表达式 n%10 可以取得变量 n 的个位数。由于"/"用于进行除法运算，当两个操作数都是整数时，其结果也是整数，因此表达式 n=n/10 可以去除整数中的个位数。

2.3.3　深入思考

思考 1：短路与的应用

在 C 语言中，表达式 a && b && c 的求解过程为：只有 a 的值为真，才需要判断 b 的值；只有 a 和 b 的值都为真，才需要判断 c 的值；只要 a 的值为假，就不必判断 b 和 c 的值，运算立即终止。因此，逻辑运算符"&&"也称"短路与"，即当左操作数为假时，右操作数不被计算和判断。

运行以下程序，思考运行结果产生的原因。

代码如下：

```
#include <stdlib.h>
#include <stdio.h>

int main()
{
```

```
    int a=0, b=1, c=2;

    int d1 = a++ && b++ && --c;
    int d2 = a++ && b++ && --c;

    printf("a=%d,b=%d,c=%d,d1=%d,d2=%d\n", a, b, c, d1, d2);

    system("pause");
    return 0;
}
```

运行结果:

```
a=2,b=2,c=1,d1=0,d2=1
```

分析:

(1) 表达式 d1=a++&&b++&&--c 的执行分析如下。

① a++: a 的值为 0,先判断得知 a 的值为假,再对 a 进行自增操作,得到 a 的值为 1。

② d1=a++&&b++&&--c: 因为 a++ 的值为假,所以 b++ 和 --c 被短路,不进行计算。因此,a++&&b++&&--c 的值为假,将 0 赋予整型变量 d1。此时,a=1,b=1,c=2,d1=0。

(2) 表达式 d2=a++&&b++&&--c 的执行分析如下。

① a++: a 的值为 1,先判断得知 a 的值为真,再对 a 进行自增操作,得到 a 的值为 2。

② b++: b 的值为 1,先判断得知 b 的值为真,再对 b 进行自增操作,得到 b 的值为 2。

③ --c: c 的值为 2,先对 c 进行自减操作,得到 c 的值为 1,再判断得知 c 的值为真。因此,a++&&b++&&--c 的值为真,将 1 赋予整型变量。

思考 2: 短路或的应用

在 C 语言中,表达式 a || b || c 的求解过程为: 只要 a 的值为真,就不必判断 b 和 c 的值;只有 a 的值为假,才需要判断 b 的值;只有当 a 和 b 的值都为假,才需要判断 c 的值。因此,逻辑运算符 "||" 也称 "短路或",即当左操作数为真时,右操作数不被计算和判断。

运行以下程序,思考运行结果产生的原因。

代码如下:

```
#include <stdlib.h>
#include <stdio.h>

int main()
{
    int a=0, b=1, c=2;

    int d1 = a++ || b++ || --c;
    int d2 = a++ || b++ || --c;

    printf("a=%d,b=%d,c=%d,d1=%d,d2=%d\n", a, b, c, d1, d2);
```

```
        system("pause");
        return 0;
    }
```

运行结果：

```
a=2,b=2,c=2,d1=1,d2=1
```

分析：

（1）表达式 d1=a++||b++||--c 的执行分析如下。

① a++：a 的值为 0，先判断得知 a 的值为假，再对 a 进行自增操作，得到 a 的值为 1。

② b++：a 的值为 1，先判断得知 b 的值为真，再对 b 进行自增操作，得到 b 的值为 2。此时，a++||b++ 的值为真，--c 被短路，不被执行。因此，a++||b++||--c 的值为真，将 1 赋予整型变量 d1。此时，a=1，b=2，c=2，d1=1。

（2）表达式 d2=a++||b++||--c 的执行分析如下。

① a++：a 的值为 1，先判断得知 a 的值为真，再对 a 进行自增操作，得到 a 的值为 2。

② d2=a++||b++||--c：因为 a++ 的值为真，所以 b++ 和--c 被短路，不被执行。因此，a++||b++||--c 的值为真，将 1 赋予整型变量 d2。

思考 3：动手试一试

（1）计算球体的体积。

编写一个计算球体体积的程序，其中球体半径通过键盘输入。

球体体积的计算公式：$v = \dfrac{4}{3} \times \pi \times r^3$，$\pi \approx 3.14$。

（2）计算圆柱体的表面积。

输入圆柱体的半径 r 和高 h，计算圆柱体的表面积。

提示：圆柱体表面积的计算公式：$s = 2\pi r^2 + 2\pi rh$。

（3）求最大值。

利用条件运算符可以求得整数 a 和 b 的最大值：max=a>b?a:b。条件运算符支持嵌套，即在条件表达式"表达式 1?表达式 2:表达式 3"中，表达式 2 和表达式 3 也可以是条件运算符表达式。

输入整数 a、b 和 c，利用条件运算符进行嵌套计算，求最大值。

2.4 章节要点

（1）32 个关键字。

（2）标识符、转义字符。

（3）常量。

（4）变量。

（5）运算符。

（6）表达式。

2.5 课后习题

一、选择题

1．C 语言中的基本数据类型包括（　　）。

  A．整型、实型、逻辑型　　　　　　　　B．整型、实型、字符型

  C．整型、字符型、逻辑型　　　　　　　D．整型、实型、逻辑型、字符型

2．以下选项中属于 C 语言中数据类型的是（　　）。

  A．复数型　　　　　B．逻辑型　　　　　C．双精度实型　　　D．集合型

3．在 C 语言中，合规的字符常量是（　　）。

  A．'\084'　　　　　　　　　　　　　　　B．'\x43'

  C．'ab'　　　　　　　　　　　　　　　　D．"\0"

4．C 语言提供的合规的关键字是（　　）。

  A．swicth　　　　　B．cher　　　　　C．case　　　　　D．defaulte

5．C 语言中的标识符只能是由字母、数字和下画线组成，且第一个字符（　　）。

  A．必须为字母

  B．必须为下画线

  C．必须为字母或下画线

  D．可以为字母、数字或下画线中的任意一种字符

6．以下哪组是 C 语言中合规的用户标识符？（　　）

  A．void,define,WORD　　　　　　　　　B．a3_b3,_123,IF

  C．For,-abc,Case　　　　　　　　　　　D．2a,DO,sizeof

7．以下叙述中正确的是（　　）。

  A．在 C 语言程序中，每行只能写一条语句

  B．已知 a 是实型变量，由于 C 语言程序中允许为 a 赋值，即 a=10，因此实型变量中允许存放整数

  C．在 C 语言程序中，无论是整数还是实数，都能被准确无误地表示

  D．在 C 语言程序中，"%"是只能用于整数运算的算术运算符

8．若已定义 x 和 y 为 double 类型，则表达式 x=1,y=x+3/2 的值是（　　）。

  A．1　　　　　　　B．2　　　　　　　C．2.0　　　　　　D．2.5

9．char 类型数据在计算机内存中的存储形式是（　　）。

  A．反码　　　　　B．补码　　　　　C．EBCDIC 码　　D．ASCII 码

10. 若有语句 char a='\72'，则变量 a 中（　　　）。

    A．包含 1 个字符 　　　　　　　　　　B．包含 2 个字符

    C．包含 3 个字符 　　　　　　　　　　D．语句不合规

11. 已知字母 A 的 ASCII 码为十进制数 65，以下程序的运行结果是（　　　）。

```
void main()
{
    char ch1, ch2;
    ch1='A'+'5'-'3';
    ch2='A'+'6'-'3';
    printf("%d,%c\n",ch1,ch2);
    system("pause");
}
```

    A．67, D 　　　　B．B, C 　　　　C．C, D 　　　　D．不确定的值

12. 以下转义字符中不正确的是（　　　）。

    A．'\\' 　　　　B．'\"' 　　　　C．'074' 　　　　D．'\0'

13. 若有以下定义，则表达式 a*b+d-c 的值的数据类型为（　　　）。

```
char a;  int b;  float c;  double d;
```

    A．float 　　　　B．int 　　　　C．char 　　　　D．double

14. 以下程序的运行结果是（　　　）。

```
void main()
{
    int x=10, y=3;
    printf("%d\n", y=x/y);
}
```

    A．0 　　　　B．1 　　　　C．3 　　　　D．不确定的值

15. 若有定义 int x=10, y=3, z;，则以下程序的运行结果是（　　　）。

```
 printf("%d\n", z=(x%y, x/y));
```

    A．1 　　　　B．0 　　　　C．4 　　　　D．3

16. 在 C 语言中，操作数必须是整数的运算符是（　　　）。

    A．% 　　　　B．\ 　　　　C．%和\ 　　　　D．*和\

17. 以下程序的运行结果是（　　　）。

```
void main()
{
    int x=10, y=10;
    printf("%d,%d\n", x--, --y);
}
```

    A．10,10 　　　　B．9,9 　　　　C．9,10 　　　　D．10,9

18. 若有定义 int x=11;，则表达式(x++*1/3)的值是（　　　）。

    A．3 　　　　B．4 　　　　C．11 　　　　D．12

19. 若有以下程序：

```
int c1=1, c2=2, c3;
c3=1.0/c2*c1;
```

则运行程序后，c3 的值是（　　）。

    A．0　　　　　　　B．0.5　　　　　　　C．1　　　　　　　D．2

20. 若变量已被正确定义并赋值，则以下符合 C 语言语法的表达式是（　　）。

    A．a:=b+1　　　　　B．a=b=c+2　　　　　C．int 18.5%3　D．a=a+7=c+b

21. 当 c 的值不为 0 时，在以下选项中能正确地将 c 的值赋给变量 a、b 的是（　　）。

    A．c=b=a;　　　　　　　　　　　　B．(a=c)‖(b=c);

    C．(a=c)&&(b=c);　　　　　　　　D．a=c=b;

22. 以下符合 C 语言语法的表达式是（　　）。

    A．a=7+b+c=a+7;　　　　　　　　B．a=7+b++=a+7;

    C．a=7+b,b++,a+7　　　　　　　　D．a=7+b,c=a+7;

23. 若有定义 int a=12，则执行完语句 a+=a-=a*a 后，a 的值是（　　）。

    A．552　　　　　　B．264　　　　　　C．144　　　　　D．−264

24. 若在程序中 a、b、c 均被定义成 int 类型变量，并且已被赋大于 1 的值，则以下选项中能正确表示表达式 1/abc 的是（　　）。

    A．1/a*b*c　　　B．1/(a*b*c)　　　C．1/a/b/(float)c　D．1.0/a/b/c

25. 若有如下定义：

```
int i=8, k, a, b;
unsigned long w=5;
double x=1.42, y=5.2;
```

则以下符合 C 语言语法的表达式是（　　）。

    A．a+=a-=(b=4)*(a=3)　　　　　　B．x%(−3)

    C．a=a*3=2　　　　　　　　　　　D．y=float(i)

26. 若 x 和 y 都是 int 类型变量，x=100，y=200，且有以下程序：

```
printf("%d", (x, y));
```

则程序的运行结果是（　　）。

    A．200　　　　　　　　　　　　　B．100

    C．100　200　　　　　　　　　　　D．不确定的值

27. 执行以下程序中的输出语句后，a 的值是（　　）。

```
void main()
{
    int a;
    printf("%d\n", (a=3*5, a*4, a+5));
}
```

    A．65　　　　　　B．20　　　　　　C．15　　　　　D．10

28．若 x、y、z 和 k 都是 int 类型变量，则执行表达式 x=(y=4, z=16, k=32)后，x 的值为（　　）。

    A．4　　　　　　　　B．16　　　　　　　　C．32　　　　　　　D．52

29．以下叙述中不正确的是（　　）。

    A．在 C 语言程序中，逗号的优先级最低

    B．在 C 语言程序中，APH 和 aph 是两个不同的变量

    C．若 a 和 b 的数据类型相同，则执行表达式 a=b 后，b 的值将存入 a，且 b 的值不变

    D．在通过键盘输入数据时，对于 int 类型变量只能输入整数，对于实型变量只能输入实数

30．已知变量 a 为 int 类型，若执行语句 a='A'+1.6;，则以下叙述中正确的是（　　）。

    A．a 的值是字符 C

    B．a 的值是实数

    C．不允许字符和实数相加

    D．a 的值是字符'A'的 ASCII 码加上 1

31．以下程序的运行结果是（　　）。

```
void main()
{
    int k=2, i=2, m;
    m=(k+=i*=k);
    printf("%d,%d\n", m, i);
}
```

    A．8,6　　　　　　　　　　　　　　　　B．8,3

    C．6,4　　　　　　　　　　　　　　　　D．7,4

32．在以下选项中，与表达式 k=n++完全等价的表达式是（　　）。

    A．k=n, n=n+1　　　　　　　　　　　　B．n=n+1, k=n

    C．k=++n　　　　　　　　　　　　　　D．k+=n+1

二、填空题

1．若已定义变量，并已为变量赋确定的值，则表达式 w*x+z-y 的值的数据类型为＿＿。

```
char w;  int x;  float y;  double z;
```

2．若有定义 int a=10, b=9, c=8;，则执行以下语句后，变量 b 的值是＿＿。

```
c=(a-=(b-5));  c=(a%11)+(b+3);
```

3．已知 a、b、c 为整数，且 a=2，b=3，c=4，则执行语句 a*=16+(b++)-(++c);后，a 的值是＿＿。

4．以下程序的运行结果是＿＿。

```
void main()
{
    int a=0;
    a+=(a=8);
    printf("%d\n", a);
}
```

2.6　习题答案

一、选择题

1. B　　2. C　　3. B　　4. C　　5. C　　6. B　　7. D　　8. C　　9. D
10. A　　11. A　　12. C　　13. D　　14. C　　15. D　　16. A　　17. D　　18. A
19. A　　20. B　　21. C　　22. D　　23. D　　24. D　　25. A　　26. A　　27. C
28. C　　29. D　　30. D　　31. C　　32. A

二、填空题

1. double　　　　2. 3　　　　3. 28　　　　4. 16

顺序结构程序设计

3.1 实验目的

（1）熟练掌握变量的定义、初始化、赋值、运算。

（2）掌握常见数学函数的应用。

（3）掌握一般程序的基本结构。

（4）掌握字符输入函数与字符输出函数。

（5）掌握格式输入函数与格式输出函数。

3.2 实验准备

（1）复习数据类型、运算符、表达式等的相关内容。

（2）复习字符输入函数与字符输出函数。

（3）复习格式输入函数与格式输出函数。

3.3 实验内容

3.3.1 基础训练

训练 1：格式输出函数的应用

通过键盘输入 3 个整数，计算这 3 个整数的平均值，并输出计算结果。

代码如下：

```
#include <stdlib.h>
#include <stdio.h>
```

```
int main()
{
    int a,b,c;
    double avg;
    printf("请输入 3 个整数: ");
    scanf_s("%d %d %d",&a,&b,&c);

    avg=(a+b+c)/3.0;

    printf("默认输出: \n");
    printf("a  =%d\nb  =%d\nc  =%d\navg=%f\n",a,b,c,avg);

    printf("控制宽度输出: \n");
    printf("a  =%6d\nb  =%6d\nc  =%6d\navg=%6.2f\n",a,b,c,avg);

    system("pause");
    return 0;
}
```

运行结果如图 3.1 所示。

图 3.1　训练 1 的运行结果

📖分析:

　　默认都是从左往右输出数据的,可实现左对齐的效果。为了使输出的数据美观,可以使用控制格式的方式让程序自动添加空格、保留精度。%6d 中"6"的作用是让输出的数据占 6 个字符的位置,若不满 6 个字符,则默认左侧使用空格补齐;若超过 6 个字符,则按原数据输出。%6.2f 中"6"的作用与前面介绍的"6"的作用相同,".2"的作用是保留两位小数。

训练 2:格式输入函数的应用

按"yyyy-mm-dd"格式输入日期,并按"yyyy 年 mm 月 dd 日"格式输出日期。

代码如下:

```
#include <stdlib.h>
#include <stdio.h>
```

```
int main()
{
    int y,m,d;
    printf("请输入 yyyy-mm-dd 格式的日期: ");
    scanf_s("%d-%d-%d",&y,&m,&d); /*scanf 函数，编译时有警告*/

    printf("输入日期是: %d年%d月%d日\n",y,m,d);

    system("pause");
    return 0;
}
```

运行结果如图 3.2 所示。

图 3.2　训练 2 的运行结果

分析：

（1）对于高版本的编译器，如 Microsoft Visual C++ 2010 学习版，应使用 scanf_s 函数编译。如果使用 scanf 函数，那么在编译时会显示编译警告 "'scanf': This function or variable may be unsafe."。而对于低版本的编译器，如 Microsoft Visual C++ 6.0，则只能使用 scanf 函数编译。

（2）scanf 函数依据格式控制字符串来解析输入数据。本程序中的格式控制字符串为 "%d-%d-%d"，通过键盘输入数据的形式只能是 "整数-整数-整数"，否则会导致解析到错误的数据。

试一试：

（1）若格式控制字符串是 "%d,%d,%d"，则通过键盘输入数据的形式是什么？

（2）格式控制字符串 "%d%d%d" 和 "%d %d %d" 有区别吗？通过键盘输入数据的形式是什么？

训练 3：字符输入函数与字符输出函数的应用

通过键盘输入一个大写字母，将其转换为对应的小写字母。

代码如下：

```
#include <stdlib.h>
#include <stdio.h>

int main()
{
    char ch1,ch2;
```

```
    printf("请输入一个大写字母: ");
    ch1=getchar();

    /*大写字母的 ASCII 码增加 32, 就是对应小写字母的 ASCII 码*/
    ch2=ch1+32;

    printf("对应的小写字母: ");
    putchar(ch2);
    putchar('\n');

    system("pause");
    return 0;
}
```

运行结果如图 3.3 所示。

图 3.3　训练 3 的运行结果

📖**分析**：

字符型变量用于存储字母的 ASCII 码，大写字母与对应小写字母的 ASCII 码相差 32。

✍**试一试**：

怎样判断一个输入字符是大写字母还是小写字母？

3.3.2　进阶训练

进阶 1：转义字符的使用

运行以下程序，掌握格式输出函数的转义字符。

代码如下：

```
#include <stdlib.h>
#include <stdio.h>

int main()
{
    int a=5, b=6, c=7;

    printf("%d\n\t%d %d\n%d %d\t\b%d\n",a,b,c,a,b,c);

    system("pause");
```

```
    return 0;
}
```

运行结果如图 3.4 所示。

图 3.4　进阶 1 的运行结果

📖 **分析：**

a、b、c 的值分别为整数 5、6、7，程序在第一列输出 a 的值 5 之后，通过'\n'实现回车换行。通过'\t'跳转到下一个制表位置（设制表位置间隔为 8），输出 b 的值 6 和 c 的值 7 后，通过'\n'再次实现回车换行，再次输出 a 的值 5 和 b 的值 6，通过'\t'跳转到下一个制表位置，但由于出现了下一个转义字符'\b'使得退回一格，因此 c 的值 7 替换了原来此位置的值 6。

在使用转义字符时需要注意以下问题。

（1）转义字符中只能使用小写字母，每个转义字符都被看作一个字符。

（2）使用'\v'（垂直制表）和'\f'（换页）对屏幕显示没有任何影响，但对打印机执行响应操作有影响。

（3）在 C 语言程序中使用不可打印字符时，通常用转义字符表示。

（4）转义字符'\0'表示空字符 NULL，值是 0。而字符'0'的 ASCII 码是 48。因此，空字符'\0'不是字符'0'。另外，空字符不等于空格字符，空格字符的 ASCII 码是 32。

（5）如果'\'之后的字符和它不构成转义字符，那么'\'不起转义作用，将被忽略。

进阶 2：求一元二次方程的实根

通过键盘输入一元二次方程 $ax^2+bx+c=0$ 的系数 a、b、c 的值（要保证方程有两个不同的实数解），根据公式计算方程的两个实数解，并输出结果。（结果保留两位小数）

$$x_{1,2} = \frac{-b \pm \sqrt{b^2 - 4ac}}{2a}$$

代码如下：

```
#include <stdlib.h>
#include <stdio.h>
#include <math.h>  /*引入数学函数库头文件*/

int main()
{
    float a,b,c;
    double x1,x2;

    printf("请输入系数 a、b、c: ");
```

```
    scanf_s("%f %f %f",&a,&b,&c);

    x1=(-b+sqrt(b*b-4*a*c))/(2*a);
    x2=(-b-sqrt(b*b-4*a*c))/(2*a);

    printf("a=%.2f,b=%.2f,c=%.2f\n",a,b,c);
    printf("x1=%.2lf\nx2=%.2lf\n",x1,x2);

    system("pause");
    return 0;
}
```

运行结果如图 3.5 所示。

图 3.5　进阶 2 的运行结果

📖 **分析：**

（1）使用 C 语言中大量的函数库可以完成各种常见的功能。由于数学函数都在头文件 math.h 中声明，因此在程序中使用数学函数时，都需要使用语句 #include <math.h> 引入数学函数的声明。

（2）常见的数学函数包括整数的绝对值函数：abs 函数；实数的绝对值函数：fabs 函数；平方根函数：sqrt 函数；自然对数函数：log 函数。

3.3.3　深入思考

思考 1：计算购房贷款还款月数

假设贷款额为 d，每月还款额为 p，月利率为 r。购房贷款还款月数的计算公式：

$$m = \frac{\log(p) - \log(p - d \times r)}{\log(1 + x)}$$

要求：输入 d、p、r 的值，在输出 m 时只保留小数点后 1 位。

代码如下：

```
#include <stdlib.h>
#include <stdio.h>
#include <math.h>

int main()
{
    float d,p,r,m;
```

```
    printf("请依次输入d、p、r: ");
    scanf_s("%f %f %f",&d,&p,&r);

    m=(log10(p)-log10(p-d*r))/(log10(1+r));

    printf("还款月数: %.1f\n",m);

    system("pause");
    return 0;
}
```

运行结果如图 3.6 所示。

图 3.6　思考 1 的运行结果

分析:

（1）求以 10 为底的对数使用 log10 函数，其原型在头文件 math.h 中声明。

（2）输入不恰当的 d、p、r 的值可能会输出非所用数据类型或超出对数函数参数的取值范围，从而产生错误的结果，用户可以通过输入 d 为 300000，p 为 6000，r 为 1% 来验证，查看结果是否为 69.7。

思考 2：　动手试一试

（1）计算两点之间的距离。

输入两点坐标 (x_1, y_1) 和 (x_2, y_2)，计算并输出两点之间的距离。

提示：两点之间距离的计算公式为 $d = \sqrt{(x_2 - x_1)^2 + (y_2 - y_1)^2}$。

（2）计算多项式的值。

计算下面多项式的值：$3x^5 + 2x^4 - 5x^3 - x^2 + 7x - 6$。

提示：x 的 y 次幂的计算公式为 pow(x, y)。

（3）天天向上的力量。

一年 365 天，以第一天的能力值为基数，记为 1.0。在此假定：当好好学习时，能力值相比前一天提高 1%；当没有好好学习时，能力值相比前一天下降 1%。

通过计算机计算如下 3 种情况，体会中华古谚语的神奇吧！

① 积跬步以至千里。计算并比较 1.01^{365} 和 0.99^{365} 的值。

② 一分耕耘，一分收获。计算并比较 1.01^{365} 和 1.02^{365} 的值。

③ 千里之行，始于足下。计算并比较 $1.01^3 \times 0.99^2$ 和 1.01 的值。

3.4 章节要点

（1）表达式与语句之间的关系。
（2）输入函数与输出函数，尤其是格式控制符的使用。
（3）更多库函数的应用。
（4）程序编写的基本方法。

3.5 课后习题

一、选择题

1．putchar 函数用于向终端输出一个（　　　）。

A．整型变量表达式　　　　　　　　B．实型变量

C．字符串　　　　　　　　　　　　D．字符或字符型变量

2．printf 函数中用到格式符%5s，其中 5 表示输出的字符串占用 5 列。如果字符串长度大于 5，那么（　　　）。

A．从左起输出该字符串，右补空格　B．按原字符串长度从左向右全部输出

C．从右起输出该字符串，左补空格　D．输出错误信息

3．以下说法正确的是（　　　）。

A．输入项可以为一个实型常量，如 scanf("%f", 3.5);

B．只有格式控制部分而没有输入项，也能正确输入，如 scanf("a=%d,b=%d");

C．当输入一个实数时，格式控制部分应规定小数点后的位数，如 scanf("% 4.2f", &f);

D．当输入数据时，必须指明地址，如 scanf("%f", &f);

4．以下程序的运行结果是（　　　）。

```
int u=010, v=0x10, w=10;
printf("%d,%d,%d\n", u, v, w);
```

A．8,16,10　　　　B．10,10,10　　　　C．8,8,10　　　　D．8,10,10

5．以下程序的运行结果是（　　　）。

```
void main()
{
    int k=17;
    printf("%d,%o,%x \n", k, k, k);
}
```

A．17,021,0x11　　　B．17,17,17　　　C．17,0x11,021　　D．17,21,11

6．以下程序的运行结果是（　　　）。

```
void main()
{
```

```
    char x=0xFFFF;
    printf("%d \n", x--);
}
```

A．-32767   B．FFFE   C．-1   D．-32768

7．以下程序的运行结果是（   ）。

```
void main()
{
    int y=3, x=3, z=1;
    printf("%d,%d\n", (++x, y++), z+2);
}
```

A．3,4   B．4,2   C．4,3   D．3,3

8．以下程序的运行结果是（   ）。

```
void main()
{
    int a=2, c=5;
    printf("a=%d,b=%d\n", a, c);
}
```

A．a=%2,b=%5   B．a=2,b=5   C．a=d,b=d   D．a=%d,b=%d

9．以下程序的运行结果是（   ）。

```
void main()
{
    double d=3.2;
    int x, y;
    x=1.2;
    y=(x+3.8)/5.0;
    printf("%d \n", d*y);
}
```

A．3   B．3.2   C．0   D．3.07

10．以下程序的运行结果是（   ）。

```
void main()
{
    int x='f ';
    printf("%c \n", 'A'+(x-'a'+1));
}
```

A．G   B．H   C．I   D．J

11．语句 printf("%d", (a=2)&&(b= -2));的运行结果是（   ）。

A．空   B．不确定的值   C．-1   D．1

12．以下程序的运行结果是（   ）。（小数点后只写一位）

```
void main ( )
{
```

```
double d; float f; long l; int i;
i=f=l=d=20/3;
printf("%d %ld %.1f %.1f \n", i, l, f, d);
}
```

A．6 6 6.0 6.0　　　　B．6 6 6.7 6.7　　　　C．6 6 6.0 6.7　　D．6 6 6.7 6.0

13．以下程序的运行结果是（　　）。

```
char c1='b', c2='e' ;
printf("%d,%c\n", c2-c1, c2-'a'+'A');
```

A．2,M　　　　　　B．3,E　　　　　　C．2,E　　　　　D．不确定的值

14．若有定义 int x, y; char a, b, c;，并有以下输入数据的形式（此处<CR> 代表换行符，u 代表空格）：

```
1u2<CR> AuBuC<CR>
```

则能给 x 赋整数 1，给 y 赋整数 2，给 a 赋字符 A，给 b 赋字符 B，给 c 赋字符 C 的正确程序是（　　）。

A．scanf("x=%d y+%d", &x, &y); a=getchar(); b=getchar(); c=getchar();

B．scanf("%d %d", &x, &y); a=getchar(); b=getchar(); c=getchar();

C．scanf("%d%d%c%c%c", &x, &y, &a, &b, &c);

D．scanf("%d%d%c%c%c%c%c%c", &x, &y, &a, &a, &b, &b, &c, &c);

15．已知有以下程序：

```
void main()
{
    int a; float b, c;
    scanf("%2d%3f%4f", &a, &b, &c);
    printf("\na=%d,b=%f,c=%f\n", a, b, c);
}
```

若通过键盘输入 9876543210<CR>（表示回车），则输出（　　）。

A．a=98,b=765,c=4321

B．a=98,b=765.000000,c=4321.000000

C．a=98,b=765.0,c=4321.0

D．a=98.000000,b=765.000000, c=4321.000000

16．已知 i、j、k 为 int 类型变量，若通过键盘输入"1,2,3<回车>"，输出 i 的值为 1、j 的值为 2、k 的值为 3，则正确的程序是（　　）。

A．scanf("%2d%2d%2d", &i, &j, &k);

B．scanf("%d %d %d", &i, &j, &k);

C．scanf("%d,%d,%d", &i, &j, &k);

D．scanf("i=%d,j=%d,k=%d", &i, &j, &k);

二、填空题

1. 若想通过以下程序为 a 赋整数 1，为 b 赋整数 2，则输入数据的形式是____。

```
int a, b;
scanf("a=%b,b=%d", &a, &b);
```

2. 若想通过以下程序使 a=5.0，b=4，c=3，则输入数据的形式是____。

```
int b, c; float a;
scanf("a=%f,b=%d,c=%d", &a, &b, &c);
```

3. 以下程序的运行结果是____。

```
void main()
{
    int a=177;
    printf("%o\n", a);
}
```

3.6 习题答案

一、选择题

1. D   2. B   3. D   4. A   5. D   6. C   7. D   8. B
9. C   10. A   11. D   12. A   13. B   14. D   15. B   16. C

二、填空题

1. a=1,b=2   2. a=5,b=4,c=3   3. 261

模块 4

选择结构程序设计

4.1 实验目的

（1）掌握 if 语句的 3 种形式。
（2）学会正确使用逻辑运算符和逻辑表达式、关系运算符和关系表达式。
（3）掌握 if 语句嵌套的使用方法。
（4）掌握 switch 语句的形式和应用。
（5）了解通过不同测试数据使程序的流程覆盖不同分支语句的方法。

4.2 实验准备

（1）复习使用 if 语句和 switch 语句的注意事项。
（2）复习逻辑运算符和逻辑表达式、关系运算符和关系表达式。
（3）复习 if 语句嵌套的使用方法及其匹配原则。
（4）复习 if-else-if 和 switch 语句的联系与区别。

4.3 实验内容

4.3.1 基础训练

训练 1：if 语句的应用

通过键盘输入一个字符，如果该字符是小写英文字母，那么将其转换成大写英文字母，并输出到屏幕上。

代码如下：

```
#include <stdlib.h>
```

```
#include <stdio.h>

int main()
{
    char ch=getchar();      /* 通过键盘输入一个字符 */
    if(ch>='a'&&ch<='z')
    {
        ch=ch-'a'+'A';
    }
    putchar(ch);            /* 将字符输出到屏幕上 */

    system("pause");
    return 0;
}
```

📖 **分析：**

通过键盘输入一个字符到变量 ch 中，判断该字符是大写英文字母还是小写英文字母。如果该字符是小写英文字母，那么将其转换成大写英文字母，将该字符输出到屏幕上。

训练 2：if-else 语句的应用

通过键盘输入两个整数，找出最大值并输出。

代码如下：

```
#include <stdlib.h>
#include <stdio.h>

int main()
{
    int x,y,max;

    printf("请输入两个整数: ");
    scanf_s("%d %d", &x, &y);

    if (x>y) max=x;
    else     max=y;

    printf("最大值为: %d\n",max);

    system("pause");
    return 0;
}
```

📖 **分析：**

通过键盘输入两个整数到变量 x 和 y 中，比较变量 x 和 y 的大小。若变量 x 大于变量 y，则最大值为变量 x；否则，最大值为变量 y，将二者中的最大值赋给变量 max，输出变量 max。

另外，条件运算符也可以依据条件表达式的结果选择计算不同表达式的值。其一般形式为"表达式 1?表达式 2:表达式 3"。若表达式 1 的值为真，则取表达式 2 的值作为整个表达式的值，否则取表达式 3 的值作为整个表达式的值。

因此，此类单纯求不同表达式的结构，也可以采用条件运算符来实现。

代码如下：

```
#include <stdlib.h>
#include <stdio.h>

int main()
{
    int x,y,max;

    printf("请输入两个整数： ");
    scanf_s("%d %d", &x, &y);

    max=x>y?x:y;

    printf("最大值为: %d\n",max);

    system("pause");
    return 0;
}
```

训练 3：if-else-if 语句的应用

某商场进行促销活动，采用购物打折的优惠方法。

（1）一次购物金额在 1000 元及 1000 元以上，按八折优惠；

（2）一次购物金额在 800 元及 800 元以上，但不足 1000 元，按八五折优惠；

（3）一次购物金额在 500 元及 500 元以上，但不足 800 元，按九折优惠；

（4）一次购物金额在 300 元及 300 元以上，但不足 500 元，按九五折优惠；

（5）一次购物金额在 300 元以下，不打折。

代码如下：

```
#include <stdlib.h>
#include <stdio.h>

int main()
{
    double x,y;

    printf("请输入金额： ");
    scanf_s("%lf", &x);
```

```
if (x>=1000)    y=0.8*x;
else if(x>=800) y=0.85*x;
else if(x>=500) y=0.9*x;
else if(x>=300) y=0.95*x;
else y=x;

printf("打折后的金额：%.2lf\n",y);

system("pause");
return 0;
}
```

分析：

判断购物金额是否大于或等于 1000 元。若大于或等于 1000 元，则按八折计算支付金额；否则，判断购物金额是否大于或等于 800 元且小于 1000 元，若大于或等于 800 元且小于 1000 元，则按八五折计算支付金额，以此类推。当所有判断都不成立时，购物金额即支付金额。支付金额的流程如图 4.1 所示。

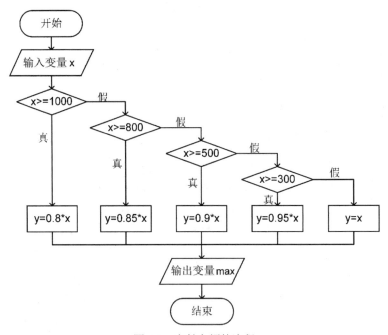

图 4.1　支付金额的流程

训练 4：switch 语句的应用

按照成绩等级输出百分制分数段，A 等为 85 分及 85 分以上，B 等为 70～84 分，C 等为 60～69 分，D 等为 60 分以下。成绩等级通过键盘输入。

代码如下：

```
#include <stdlib.h>
#include <stdio.h>
```

```
int main()
{
    char grade;

    printf("请输入成绩等级(ABCD): ");
    scanf_s("%c",&grade);

    switch(grade)
    {
        case 'A': printf("85~100\n"); break;
        case 'B': printf("70~84\n");  break;
        case 'C': printf("60~69\n"); break;
        case 'D': printf("0~60\n");  break;
        default:  printf("输入等级错误!\n");
    }

    system("pause");
    return 0;
}
```

分析:

　　程序要求输入成绩等级,有效字符为ABCD。switch语句依据变量grade的值从前往后逐一与case后面的常量表达式进行匹配。当判断与某个case后面的常量表达式相等时,开始执行该case后面的代码,直到switch语句结束,或遇到break语句为止。例如,若输入成绩等级"B",则会匹配到第二个case后面的常量表达式,输出结果为"70~84",执行break语句,跳出switch语句。

试一试:

　　将代码中的break语句都删除,再次输入ABCD,查看输出结果是否与以前的结果相同。

4.3.2　进阶训练

进阶1:if语句嵌套的应用

通过键盘输入3个整数,找出最大值并输出。

代码如下:

```
#include <stdlib.h>
#include <stdio.h>

int main()
{
```

```
    int x,y,z,max;

    printf("请输入 3 个整数: ");
    scanf_s("%d %d %d", &x, &y, &z);

    if (x>y)
    {
        if (x>z) max=x;
        else max=z;
    }
    else
    {
        if (y>z) max=y;
        else  max=z;
    }

    printf("最大值为: %d\n",max);

    system("pause");
    return 0;
}
```

分析:

通过键盘输入 3 个整数到变量 x、y 和 z 中，比较变量 x 和变量 y 的大小。如果变量 x 大于变量 y，那么比较变量 x 和变量 z 的大小，将二者中的最大值赋给变量 max；否则，比较变量 y 和变量 z 的大小，将二者中的最大值赋给变量 max，输出变量 max。求最大值的流程如图 4.2 所示。

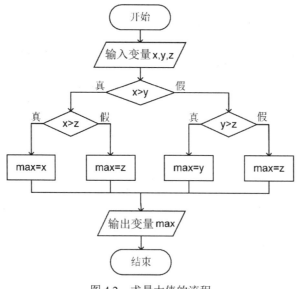

图 4.2　求最大值的流程

试一试：

条件运算符可以依据条件表达式的结果选择计算不同表达式的值，也可以在进行嵌套时使用。因此，求 3 个整数的最大值问题，也可以采用条件运算符来实现。

请填写适当的语句，实现求 3 个整数的最大值。

```
#include <stdlib.h>
#include <stdio.h>

int main()
{
    int x,y,z,max;

    printf("请输入 3 个整数：");
    scanf_s("%d %d %d", &x, &y, &z);

    max=_____;

    printf("最大值为：%d\n",max);

    system("pause");
    return 0;
}
```

进阶 2：if-else-if 和 switch 语句之间的转化

if-else-if 语句和 switch 语句都是多分支选择语句。因此，有些问题既可以采用 if-else-if 语句来实现，又可以采用 switch 语句来实现。

在分数与学生等级之间，90 分及 90 分以上为 A 等，80～90 分（不包含 90 分）为 B 等，70～80 分（不包含 80 分）为 C 等，60～70 分（不包含 70 分）为 D 等，60 分以下为 E 等。编写一个实现分数与学生等级之间的映射的程序，即输入一个成绩，会输出其对应的学生等级。

if-else-if 语句的代码如下：

```
#include <stdlib.h>
#include <stdio.h>

int main()
{
    int score;
    char grade;
    printf("请输入分数:");
    scanf_s("%d",&score);

    if(score>100||score<0)
    {
        printf("\n 输入的分数只能在 0～100 内!\n");
```

```
    }
    else
    {
        if(score>=90) grade='A';
        else if(score>=80) grade='B';
        else if(score>=70) grade='C';
        else if(score>=60) grade='D';
        else grade='E';

        printf("学生等级:%c\n",grade);
    }

    system("pause");
    return 0;
}
```

switch 语句的代码如下:

```
#include <stdlib.h>
#include <stdio.h>

int main()
{
    int score;
    char grade;
    printf("请输入分数:");
    scanf_s("%d",&score);

    if(score>100||score<0)
    {
        printf("\n 输入的分数只能在 0~100 内!");
    }
    else
    {
        switch(score/10)
        {
            case 10:
            case 9: grade='A'; break;
            case 8: grade='B'; break;
            case 7: grade='C'; break;
            case 6: grade='D'; break;
            default: grade='E';
        }

        printf("学生等级:%c\n",grade);
    }

    system("pause");
    return 0;
}
```

分析：

利用整数除以整数得整数的特殊性，取得输入分数对应的整数 0~10，从而可以借助 switch 语句得到分数对应的学生等级。

注意，使用 switch 语句的前提是条件表达式必须基于同一个数值型变量。如果有两个以上基于同一个数值型变量的条件表达式，那么也可以使用 switch 语句。

4.3.3　深入思考

思考 1：分段函数的求解

有以下分段函数：

$$y = \begin{cases} x & x < 1 \\ 2x-1 & 1 \leqslant x < 10 \\ 3x-11 & x \geqslant 10 \end{cases}$$

编写一个程序，要求输入 x 的值，输出 y 的值。

代码如下：

```c
#include <stdlib.h>
#include <stdio.h>

int main()
{
    float x,y;
    printf("输入 x:");
    scanf_s("%f",&x);

    if(x<1)
        y=x;
    else if(x<10)
        y=2*x-1;
    else
        y=3*x-11;

    printf("y=%f\n",y);

    system("pause");
    return 0;
}
```

分析：

（1）使用 if-else-if 语句，根据输入 x 的值的不同求 y 的值。

（2）分别输入 3 个分段范围中的 3 个数，判断输出结果是否正确。

（3）在编程时一定要注意 else 与 if 的匹配关系，否则会导致错误。

思考 2：一元二次方程的求解

编写一个程序，求一元二次方程 $ax^2+bx+c=0$ 的根，系数 a、b、c 的值通过键盘输入，要求考虑到根的各种情况。

代码如下：

```c
#include <stdlib.h>
#include <stdio.h>
#include <math.h>

int main()
{
    float a, b, c;

    printf("请输入系数a,b,c: ");
    scanf_s("%f %f %f", &a, &b, &c);

    if(a==0)
    {
        printf("系数a不能为0! \n");
    }
    else
    {
        double x1, x2;
        double delta=b*b-4*a*c;

        if (delta>0)
        {
            x1=(-b+sqrt(delta))/2;
            x2=(-b-sqrt(delta))/2;

            printf("方程有两个不相等的实数根, x1=%lf,x2=%lf\n",x1,x2);
        }
        else if (delta==0)
        {
            x1=(-b+sqrt(delta))/2;

            printf("方程有两个相等的实数根, x1=x2=%lf\n",x1);
        }
        else
            printf("方程无实数根\n");
    }

    system("pause");
    return 0;
}
```

分析：

（1）首先判断一元二次方程的系数 a 是否不为 0。

（2）其次计算一元二次方程的判别式值。

（3）依据判别式值的 3 种情况，求一元二次方程的根。

● 当判别式的值大于 0 时，方程有两个不相等的实数根。

● 当判别式的值等于 0 时，方程有两个相等的实数根。

● 当判别式的值小于 0 时，方程无实数根。

思考 3：动手试一试

（1）字符的识别。

通过键盘输入一个字符，可以是数字、字母、标点符号，对输入的字符进行判断，如果输入的是数字那么输出* is a number!，如果输入的是字母那么输出* is a letter!，如果输入的是其他字符那么输出* is the other!（*为输入的字符）。

提示：在计算机中，变量 ch 用于存储字符的 ASCII 码。判断字符是否为数字的条件表达式为 ch>='0'&&ch<='9'，判断字符是否为字母的条件表达式为 ch>='a'&&ch<='z'|| ch>='A'&&ch<='Z'。

（2）分段函数的求解。

有以下分段函数：

$$y = \begin{cases} x+4 & x \leq 0 \\ x & 0 < x \leq 10 \\ 2x-16 & 10 < x \leq 100 \\ 16-3x & x > 100 \end{cases}$$

编写一个程序，要求输入 x 的值，输出 y 的值。

（3）闰年的判断。

用户输入一个年份，判断该年份是否为闰年，若为闰年则输出"是闰年"，否则输出"不是闰年"（判断一个年份是否为闰年的方法是：如果一个年份能被 4 整除但不能被 100 整除，或能被 400 整除，则该年份为闰年，否则该年份为平年）。

（4）两个整数的简单运算。

编写一个简单计算器程序，根据输入的运算符，对两个整数进行加、减、乘、除或求余运算。

例如，输入 3+4，输出 3+4=7；输入 3*4，输出 3*4=12。

提示：依据 scanf_s 函数的输入特性，输入语句可以设计成：

```
int a, b; char op; scanf_s("%d%c%d", &a, &op, &b);
```

注意，在输入数据时，整数与运算符之间不能有空格。

4.4 章节要点

1．if 语句的一般形式

if 语句的一般形式为：

```
if(表达式)
{
    语句组1;
}
[else
{
    语句组2;
} ]
```

（1）if 语句中的表达式必须用半角小括号括起来。

（2）else 子句（可选）是 if 语句的一部分，必须与 if 配对使用，不能单独使用。

（3）当 if 和 else 下面的语句组仅由一条语句构成时，可以不使用复合语句，即可以不使用大括号。

2．if 语句的执行过程

（1）使用默认的 else 子句。当表达式的值不等于 0（判定为"逻辑真"）时，执行语句组 1；否则，直接执行下一条语句。

（2）指定 else 子句。当表达式的值不等于 0（判定为"逻辑真"）时，先执行语句组 1，再转向下一条语句；否则，执行语句组 2。

3．if 语句的嵌套与嵌套匹配原则

（1）if 语句允许嵌套。if 语句的嵌套是指在语句组 1 或（和）语句组 2 中包含 if 语句的情况。

（2）在进行 if 语句的嵌套时 else 子句与 if 的匹配原则：与在它上面、距它最近且尚未匹配的 if 配对。为明确匹配关系，避免匹配错误，强烈建议将内嵌的 if 语句，一律用英文的大括号括起来。

4．switch 语句的一般形式及执行过程

switch 语句的一般形式为：

```
switch(表达式)
{
    case 常量表达式1：语句组1; [break;]
    case 常量表达式2：语句组2; [break;]
    ...
    case 常量表达式n：语句组n; [break;]
```

```
    default : 语句组 n+1;[ break;]
}
```

switch 语句的执行过程为：

（1）计算表达式的值，并将其逐个与后面的常量表达式的值比较，当表达式的值与某个常量表达式的值相等时，执行后面的语句组；当执行到 break 语句时，跳出 switch 语句，转向执行下一条语句。

（2）若表达式的值与所有 case 后面的常量表达式的值均不同，则执行 default 子句。

（3）可以在 switch 语句中省略 default 子句。在这种情况下，当所有情况都不满足时，将不执行任何语句组，直接跳出 switch 语句。

5．使用 switch 语句的注意事项

（1）表达式的值的数据类型可以是整型、字符型或枚举型。

（2）default 子句可以被省略，也可以被放在任何位置，但是建议一般放在最后面。若default 子句放在中间，则执行完 default 子句后，并不一定跳出 switch 语句，只有在遇到break 语句时，才会跳出 switch 语句。

（3）case 后面的常量表达式的值必须各不相同。

（4）case 后面的常量表达式仅起语句标号作用，并不进行条件判断。系统一旦找到入口标号，就从此标号开始执行，不再进行标号判断，直到遇到 break 语句，就跳出 switch 语句。

（5）调换各个 case 子句的先后顺序，不影响程序的运行结果。

（6）多个 case 子句可以共用同一语句（组）。

（7）if-else-if 语句和 switch 语句都可以用来实现多个分支，if-else-if 语句用来实现两个、3 个分支的情况比较方便，在遇到 3 个以上分支的情况时，使用 switch 语句比较方便。

6．if 语句常见的程序设计错误

（1）if 语句条件建立不当或没有把条件用小括号括起来。

例如：

```
if (a+b>c)&&(a+c>b)&&(b+c>a) printf("to constitute a Triangles");
```

应改为：

```
if ((a+b>c)&&(a+c>b)&&(b+c>a)) printf("to constitute a Triangles");
```

（2）在 if 语句的条件中，把"="用作"=="。

例如，在判断 a 和 b 是否相等时，写成：

```
if (a=b)...
```

应改为：

```
if (a==b)...
```

（3）多条件表达式直接被写成关系表达式，没有被写成逻辑表达式。

例如：

```
if(1<x<10) {...}
```

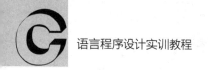
应改为：

```
if (x>1 && x <10 ) {...}
```

（4）在条件表达式中使用的关系运算符或逻辑运算符书写错误。

例如，在"＞＝""＜＝""＝＝""＆＆"等包含了两个符号的运算符的中间添加了空格。

（5）if 语句的条件建立不当，导致程序的逻辑层次不明，计算结果不正确。

（6）在不应该添加分号的地方添加了分号。

例如，在 if 语句的条件表达式之后添加了分号，在复合语句的大括号外添加了分号。在应该添加分号的地方没有添加分号。

例如，在 if 语句和 else 子句中缺少必要的分号。

（7）在 if 语句的嵌套中，没有注意关键字 if 与关键字 else 的匹配关系。

（8）在关键字 if 和关键字 else 后面内嵌了多条操作语句，没有用大括号括起来形成复合语句，在大括号后面又添加了分号。

（9）if 语句条件中的小括号不配对或配对错误。

（10）if 语句条件中的大括号不配对或函数体中的大括号不配对。

7．switch 语句常见的程序设计错误

（1）"switch（表达式）"中表达式的值的数据类型不是整型、字符型或枚举型，使得 case 后面的常量表达式的值无法与其精确匹配，进而无法找到入口。

（2）case 后面的表达式不是常量或常量表达式，包含了变量。

（3）在 switch 语句的各分支中没有添加 break 语句，产生了副作用。

（4）在同一个 switch 语句中，case 后面的常量表达式的值相同。

（5）case 子句中缺少了 break 语句。

（6）switch 语句中遗漏了大括号。

（7）在不该添加分号的地方添加了分号，在应该添加空格的地方没有添加空格。

例如：

```
switch(cj /10);        /*添加了不该添加的分号 */
{
    case 10:
    case 9:            /*case 与 9 之间没有添加空格*/
    ...
};                     /*添加了不该添加的分号 */
```

4.5 课后习题

一、选择题

1．以下赋值语句中不合规的是（　　）。

    A．n=(i=2, ++i);   B．j++;   C．++(i+1);   D．x=j>0;

2. 若已有定义 int x=3,y=4,z=5;，则表达式!(x+y)+z-1 && y+z/2 的值是（　　）。

A. 6 　　　　　 B. 0 　　　　　 C. 2 　　　　　 D. 1

3. 以下程序运行后，如果通过键盘输入 5，那么运行结果是（　　）。

```
#include <stdio.h>
void main()
{
int x;
    scanf("%d", &x);
    if(x--<5) printf("%d", x);
    else printf("%d", x++);
}
```

A. 3 　　　　　 B. 4 　　　　　 C. 5 　　　　　 D. 6

4. 以下程序的运行结果是（　　）。

```
#include <stdio.h>
void main()
{
    int a=2, b=-1, c=2;
    if(a<b)
        if(b<0) c=0;
        else c++;
    printf("%d\n",c) ;
}
```

A. 0 　　　　　 B. 1 　　　　　 C. 2 　　　　　 D. 3

5. 以下程序的运行结果是（　　）。

```
#include <stdio.h>
void main()
{
    int a, b, c=246;
    a=c/100%9;
    b=(-1)&&(-1);
    printf("%d,%d\n", a, b) ;
}
```

A. 2，1 　　　　 B. 3，2 　　　　 C. 4，3 　　　　 D. 2，-1

6. 如果两次运行以下程序，键盘分别通过输入 6 和 4，那么程序的运行结果是（　　）。

```
#include <stdio.h>
void main()
{
    int x;
    scanf("%d", &x);
    if(x++>5) printf("%d", x);
    else printf("%d\n", x--);
}
```

A．7 和 5　　　　B．6 和 3　　　　C．7 和 4　　　　D．6 和 4

7．以下能表示 x 为偶数的表达式是（　　）。

A．x%2==0　　　B．x%2==1　　　C．x%2　　　D．x%2!=0

8．以下程序中共出现了（　　）处语法错误。

```
int a, b;
scanf("%d", a) ;
b=2a;
if(b>0) printf("%b", b) ;
```

A．1　　　　B．2　　　　C．3　　　　D．4

9．在 C 语言中，"逻辑真"等价于（　　）。

A．大于 0 的数　　B．大于 0 的整数　　C．非 0 的数　　D．非 0 的整数

10．若有定义 int a=10;，则表达式 20<=a || a<=9 的值是（　　）。

A．0　　　　B．1　　　　C．19　　　　D．20

11．若有定义 int a, b, c;，则表达式 a=1, b=2, c=3, a&&b&&b 的值是（　　）。

A．1　　　　B．2　　　　C．3　　　　D．0

12．逻辑运算符两侧的运算对象（　　）。

A．只能是 0 或 1　　　　　　　　B．只能是 0 或非 0 的正数

C．只能是整型或字符型数据　　　　D．可以是任何类型的数据

13．能正确表示"x 的取值在[1,10]和[200,210]内时为真，否则为假"的表达式是（　　）。

A．(x>=1)&&(x<=10)&&(x>=200)&&(x<=210)

B．(x>=1)||(x<=10)||(x>=200)||(x<=210)

C．(x>=1)&&(x<=10)||(x>=200)&&(x<=210)

D．(x>=1)||(x<=10)&&(x>=200)||(x<=210)

14．若有定义 x=43,ch='a', y=0;，则表达式(x>=y&&ch<'b'&&!y)的值是（　　）。

A．0　　　　B．1　　　　C．语法错误　　　D．假

15．运行以下程序后，a 的值为（　　）。

```
int a=5, b=6, w=1, x=2, y=3, z=4;
(a=w>x)&&(b=y>z);
A. 5   B. 0   C. 2   D. 1
```

16．以下程序的运行结果是（　　）。

```
#include <stdio.h>
void main()
{
    int a=5, b=0, c=0;
    if(a=b+c) printf("***\n");
    else printf("$$$\n");
}
```

A．有语法错误不能通过编译　　　　B．可以通过编译但不能通过连接

C. ***　　　　　　　　　　　　D. $$$

17. 若变量 x 的值为 12，则以下程序的运行结果是（　　）。

```c
#include <stdio.h>
void main()
{
    int x, y;
    scanf("%d", &x);
    y=x>12?x+10:x-12;
    printf("%d\n", y);
}
```

　　A. 0　　　　　　　B. 22　　　　　　C. 12　　　　　D. 10

18. 为了避免嵌套的 if-else 语句出现二义性，C 语言规定 else 总是与（　　）组成配对关系。

　　A. 缩排位置相同的 if　　　　　　B. 在其之前未配对的 if

　　C. 在其之前未配对且最近的 if　　D. 同一行中的 if

二、程序阅读题

1. 以下程序的运行结果是（　　）。

```c
#include<stdio.h>
void main()
{
    int x=2, y=-1, z=2;
    if(x<y)
        if(y<0) z=0;
    else z+=1;
    printf("%d\n",z);
}
```

2. 以下程序的运行结果是（　　）。

```c
#include<stdio.h>
void main()
{
    int a, b, c, d, x;
    a=c=0; b=1; d=20;
    if(a) d=d-10;
    if(!c) x=15;
    else x=25;
    printf("d=%d\n",d);
}
```

3. 以下程序的运行结果是（　　）。

```c
#include<stdio.h>
void main()
```

```
{
    int x=1, y=0;
    switch(x)
    {
    case 1:
        switch(y)
        {
            case 0: printf("first "); break;
            case 1: printf("second "); break;
        }
    case 2: printf("third\n");
    }
}
```

4. 若通过键盘输入"5,2"，则以下程序的运行结果是（   ）。

```
#include<stdio.h>
void main()
{
    int s, t, a, b;
    scanf("%d,%d", &a, &b);
    s=1; t=1;
    if(a>0) s=s+1;
    if(a>b) t=s+t;
    else if(a==b) t=5;
    else t=2*s;
    printf("s=%d,t=%d\n",s,t);
}
```

5. 以下程序的运行结果是（   ）。

```
#include<stdio.h>
void main()
{
    int a=2, b=7, c=5;
    switch(a>0)
    {
        Case 1: swith(b<0)
        {
            Case 1: printf("@"); break;
            Case 2: printf("!"); break;
        }
        Case 0: switch(c==5)
        {
            case 0: printf("*"); break;
            case 1: printf("#"); break;
            case 2: printf("$"); break;
        }
        default: printf("&");
```

```
    }
    printf("\n");
}
```

6. 以下程序的运行结果是（　　　）。

```
#include <stdio.h>
void main()
{
    int x,y=1;
    if(y!=0) x=5;
    printf("%d " ,x);
    if(y==0) x=4;
    else x=5;
    printf("%d " ,x);
    x=1;
    if(y<0)
        if(y>0) x=4;
        else x=5;
    printf("%d\n" ,x);
}
```

7. 以下程序的运行结果是（　　　）。

```
#include<stdio.h>
void main()
{
    int x, y=-2, z=0;
    if((z=y)<0) x=4;
    else if (y==0) x=5;
    else x=6;
    printf("%d,%d ", x, z);
    if(z=(y==0))
        x=5;
    x=4;
    printf("%d,%d ", x, z);
    if(x=z=y) x=4;
    printf("%d,%d\n", x, z);
}
```

三、填空题

1. 以下程序的功能是输入两个整数，并将其按从大到小的顺序输出。请在____内填入正确的内容。

```
#include<stdio.h>
void main()
{
    int x, y, z;
```

```
    scanf("%d,%d", &x, &y);
    if(____)
    {
        z=x; ____
    }
    printf("%d,%d", x, y);
}
```

2．以下程序的功能是输入一个小写字母，将小写字母循环后移 5 个位置后输出，如 a 变成 f，w 变成 b。请在_____内填入正确的内容。

```
#include <stdio.h>
void main()
{
    char c;
    c=getchar();
    if(c>='a'&&c<='u') ____;
    else if(c>='v'&&c<='z') ____;
    putchar(c);
}
```

3．以下程序的功能是输入圆的半径 r 和运算标志 m，按照运算标志进行指定运算。其中，a 代表面积，c 代表周长，b 代表面积和周长。请在______内填入正确的内容。

```
#include<stdio.h>
#define pi 3.14159
void main()
{
    char m;
    float r,c,a;
    printf ("input mark a c or b && r\n");
    scanf_s ("%c %f", &m, &r);
    if (____)
    {
        a= pi*r*r; printf ("area is %f", a);
    }
    if (____)
    {
        c=2* pi*r; printf ("circle is %f", c);
    }
    if (____)
    {
        a= pi*r*r; c=2* pi*r; printf ("area && circle are %f %f", a, c);
    }
}
```

4．以下程序的功能是计算一元二次方程 $ax^2+bx+c=0$ 的根。请在______内填入正确的内容。

```
#include<math.h>
#inclued<stdio.h>
void main()
{
    float a,b,c,t,disc,twoa,term1,term2;
    printf("enter a,b,c: ");
    scanf_s("%f %f %f", &a, &b, &c);
    if(_____)
        if(_____)
            printf("input error\n");
        else
            printf("the single root is%f\n",-c/b);
    else
    {
        disc=b*b-4*a*c;
        twoa=2*a;
        term1=-b/twoa;
        t=abs(disc);
        term2=sqrt(t)/twoa;
        if(_____)
            printf("complex root\n real part=%f imag part=%f\n",term1,term2);
        else
            printf("real roots\n root1=%f root2=%f\n",term1+term2,term1-term2);
    }
}
```

5. 以下程序的功能是根据输入的 3 条边的长度判断能否组成三角形，若能组成三角形则输出组成的三角形的面积和类型。请在_____内填入正确的内容。

```
#include <stdio.h>
#include<math.h>
void main()
{
    float a,b,c;
    float s,area;
    scanf_s("%f %f %f",&a,&b,&c);
    if (____)
    {
        s=(a+b+c)/2;
        area=sqrt(s*(s-a)*(s-b)*(s-c));
        printf("%f",area);
        if(____)
            printf("等边三角形");
        else if(____)
            printf("等腰三角形");
        else if((a*a+b*b==c*c||(a*a+c*c==b*b||(b*b+c*c==a*a))
```

```
        printf("直角三角形");
    else printf("一般三角形");
    }
    else
        printf("不能组成三角形");
}
```

6. 已知服装店经营成套服装，也单件出售服装，若要购买的服装不少于 50 套，则每套服装 80 元；若要购买的服装不足 50 套，则每套服装 90 元；若只购买上衣，则每件上衣 60 元；若只购买裤子，则每条裤子 45 元。以下程序的功能是输入所购买上衣的件数 c 和裤子的条数 t，计算应付款 m。

```
#include<stdio.h>
void main()
{
    int c,t,m;
    printf("Input the number of coat and trousers your want buy: \n");
    scanf("%d%d", &c, &t);
    if(c==t)
        if(c>=50) _____;
        else _____;
    else
        if(c>t)
          if (t>=50) _____;
          else _____;
        else
          if(_____) m=c*80+(t-c)*45;
          else _____;
    printf("%d",m);
}
```

4.6 习题答案

一、选择题

1. C 2. D 3. B 4. C 5. A 6. A 7. A 8. C 9. C
10. A 11. A 12. D 13. C 14. B 15. B 16. D 17. A 18. C

二、程序阅读题

1. 2   2. 20   3. first third   4. s=2,t=3   5. #&
6. 5 5 1   7. 4,-2 4,0 4,-2

三、填空题

1. x<y　±x=y;y=z;

2. c=c+5　c=c−21

3. m=='a'　m=='c'　m=='b'

4. a==0　b==0　disc<0

5. a+b>c&&b+c>a&&a+c>b　a==b&&b==c　a==b||a==c||b==c

6. m=c*80　m=c*90　m=t*80+(c−t)*60　m=t*90+(c−t)*60　c>=50　m=c*90+(t−c)*45;

模块 5

循环结构程序设计（1）

5.1 实验目的

（1）掌握 while 语句和 do-while 语句。

（2）了解 while 语句和 do-while 语句的异同。

（3）掌握 break 语句和 continue 语句。

（4）了解循环结构的基本测试方法。

5.2 实验准备

（1）复习 while 语句和 do-while 语句的基本语法。

（2）复习 break 语句和 continue 语句的作用。

5.3 实验内容

5.3.1 基础训练

训练 1：while 语句的应用

采用 while 语句，实现整数 1~100 的求和运算。

代码如下：

```
#include <stdlib.h>
#include <stdio.h>


int main()
{
    int sum=0;              /* 变量 sum 的初始值为 0 */
```

```
    int i=1;                    /* 循环变量的初始化 */
    while(i<=100)               /* 循环条件的判断 */
    {
        sum=sum+i;              /* 循环体 */
        i++;                    /* 循环变量的修改 */
    }

    printf("sum=%d\n",sum);     /* 输出求和结果 */

    system("pause");
    return 0;
}
```

📖 **分析：**

在使用 while 语句实现循环时，涉及 4 个关键点：循环变量的初始化、循环条件的判断、循环体和循环变量的修改。在本例中，循环变量的初始化语句为 int i=1;，循环条件的判断语句为 i<=100，循环体为 sum=sum+i;，循环变量的修改语句为 i++;，这些都是编写循环程序必不可少的组成部分。

另外，在定义存放变量 sum 时必须设置其初始值为 0，否则在执行语句 sum=sum+i;时，会因变量 sum 的初始值不确定而导致结果有误。

✍ **试一试：**

（1）省略语句 i++;，程序的运行结果如何？为什么？

（2）语句 sum=sum+i;与语句 i++;的顺序可否交换？为什么？

（3）修改上面的程序，计算1～100的奇数和。

（4）修改上面的程序，计算1～100的偶数和。

训练 2：do-while 语句的应用

采用 do-while 语句，实现整数 1～100 的求和运算。

代码如下：

```
#include <stdlib.h>
#include <stdio.h>

int main()
{
    int sum=0;                  /* 变量 sum 的初始值为 0 */
    int i=1;                    /* 循环变量的初始化 */
    do
    {
        sum=sum+i;              /* 循环体 */
        i++;                    /* 循环变量的修改 */
    }while(i<=100);             /* 循环条件的判断 */
```

```
    printf("sum=%d\n",sum);    /* 输出求和结果 */

    system("pause");
    return 0;
}
```

分析：

同 while 语句一样，要使用 do-while 语句实现循环也涉及 4 个关键点：循环变量的初始化、循环条件的判断、循环体和循环变量的修改。不同之处在于，使用 do-while 语句为先执行后判断，并且结束时必须有一个分号。

试一试：

（1）将循环条件修改为 i<100，程序的运行结果是否正确？为什么？

（2）将循环条件修改为 i<101，程序的运行结果是否正确？为什么？

（3）修改上面的程序，计算 1～100 的奇数和。

（4）修改上面的程序，计算 1～100 的偶数和。

5.3.2 进阶训练

进阶 1：while 语句和 do-while 语句的区别

运行以下两个程序各两次，第一次输入 1，第二次输入 11。对比并分析两个程序的运行结果。

程序 1 的代码如下：

```
#include <stdlib.h>
#include <stdio.h>

int main()
{
    int sum=0,i;
    scanf_s("%d",&i);

    while(i<=10)
    {
        sum=sum+i;
        i++;
    }

    printf("sum=%d\n",sum);

    system("pause");
```

```
        return 0;
}
```

程序 2 的代码如下：

```
#include <stdlib.h>
#include <stdio.h>

int main()
{
    int sum=0,i;
    scanf_s("%d",&i);

    do
    {
        sum=sum+i;
        i++;
    }while(i<=10);

    printf("sum=%d\n",sum);

    system("pause");
    return 0;
}
```

分析：

（1）可以看到，while 语句后面没有分号，而 do-while 语句后面有分号。

（2）当变量 i 的值小于或等于 10 时，二者结果相同；而当变量 i 的值大于 10 时，二者结果不同。这是因为 while 语句先判断后执行，而 do-while 语句先执行后判断（循环体最少被执行一次）。当变量 i 的值大于 10 时，while 语句一次也不执行循环体，而 do-while 语句执行一次循环体。由此可知，在使用 while 语句和 do-while 语句处理同一个问题时，若第一次循环条件表达式的值为真，则二者结果相同，否则二者结果不同。

进阶 2：break 语句的应用

运行以下程序，分析程序的运行结果，理解 break 语句的作用。

代码如下：

```
#include <stdlib.h>
#include <stdio.h>

int main()
{
    int sum=0,i=1;
    while(i<=10)
    {
        if(i>5) break;      /* 当条件成立时，执行break语句，提前结束循环 */
```

```
        sum=sum+i;
        i++;
    }

    printf("sum=%d,i=%d\n",sum,i);

    system("pause");
    return 0;
}
```

📖 **分析：**

当变量 i 的值小于或等于 5 时，条件表达式 i>5 不成立，不执行 break 语句，实现累加运算；当变量 i 的值等于 6 时，条件表达式 i>5 成立，执行 break 语句，此时提前结束循环。因此，程序实现的运算为 1+2+3+4+5=15，当循环结束时，变量 i 的值为 6。break 语句可以解决未达到循环结束的条件时需要提前结束循环的问题。

进阶 3：continue 语句的应用

运行以下程序，分析程序的运行结果，理解 continue 语句的作用。

代码如下：

```
#include <stdlib.h>
#include <stdio.h>

int main()
{
    int sum=0,i=1;
    while(i<=10)
    {
        if(i%2) { i++; continue; } /* 执行 continue 语句，结束本次循环*/

        sum=sum+i;
        i++;
    }

    printf("sum=%d,i=%d\n",sum,i);

    system("pause");
    return 0;
}
```

📖 **分析：**

使用 continue 语句中断循环体的本次执行，即跳过循环体中尚未执行的语句，立即开始执行下一次循环体。进阶 3 程序的执行过程分析如表 5.1 所示。

表 5.1　进阶 3 程序的执行过程分析

i	i<=10	i%2	i++	continue 语句是否执行	sum
1	真	真	2	是	
2	真	假	3	否	0+2=2
3	真	真	4	是	
4	真	假	5	否	2+4=6
5	真	真	6	是	
6	真	假	7	否	6+6=12
7	真	真	8	是	
8	真	假	9	否	12+8=20
9	真	真	10	是	
10	真	假	11	否	20+10=30
11	假	此时条件表达式 i<=10 不成立，循环结束			

注意，一个 break 语句只可以跳出一层循环，不可以跳出多层循环。continue 语句只是结束本次循环，并不跳出循环体。

5.3.3　深入思考

思考 1：(c=getchar())!='?'和 c=getchar()!='?'的区别

运行以下 3 个程序，当输入 exit?时，它们的运行结果分别是什么？

程序 1 的代码如下：

```
#include <stdlib.h>
#include <stdio.h>

int main()
{
    char c;
    c=getchar();    /*输入一个字符*/
    while(c!='?')
    {
        putchar(c);    /*输出一个字符*/
        c=getchar();
    }

    system("pause");
    return 0;
}
```

程序 2 的代码如下：

```
#include <stdlib.h>
#include <stdio.h>

int main()
```

```
{
    char c;
    while((c=getchar())!='?') { putchar(c); }

    system("pause");
    return 0;
}
```

程序 3 的代码如下：

```
#include <stdlib.h>
#include <stdio.h>

int main()
{
    char c;
    while(c=getchar()!='?') { putchar(c); }

    system("pause");
    return 0;
}
```

分析：

(c=getchar())!='?'和 c=getchar()!='?'的区别为，(c=getchar())!='?' 表示先把输入的字符赋给 c，然后判断 c 是否为!='?'； c=getchar()!='?' 表示先判断输入的字符是否为!='?'，然后把判断结果（0 或 1）赋给 c。

思考 2：各类字符个数的统计

输入一行字符，分别统计出其中英文字母、空格、数字和其他字符的个数。

代码如下：

```
#include <stdlib.h>
#include <stdio.h>

int main()
{

    char c;
    int letters=0,spaces=0,digits=0,others=0;

    printf("请输入一行字符: \n");

    while((c=getchar())!='\n')
    {
        if(c>='a'&&c<='z'||c>='A'&&c<='Z')
            letters++;
        else if(c==' ')
            spaces++;
```

```
        else if(c>='0'&&c<='9')
            digits++;
        else
            others++;
    }
    printf("英文字母=%d,空格=%d,数字=%d,其他字符=%d\n",letters,spaces,digits,
others);

    system("pause");
    return 0;
}
```

📖 **分析：**

此问题是一个典型的统计问题。输入一行字符，根据相应的条件决定哪个统计变量发生变化。这个循环也是有结束条件（输入的字符不为'\n'）的，没有确定循环次数。

实现循环的关键点如下。

（1）初始条件：字符统计变量初始化。

（2）循环条件：输入的字符不为'\n'。

（3）循环体：判断输入的字符 c 的分类，有以下 4 种可能。

① 若为大小写字母，则条件是 c>='a'&&c<='z' || c>='A'&&c<='Z'。

② 若为空格，则条件是 c==' '。

③ 若为数字，则条件是 c>='0'&&c<='9'。

④ 否则为其他字符。

思考 3：动手试一试

（1）逆序输出三位数。

输入一个三位正整数，并按数位的逆序输出这个三位正整数。注意，当输入的三位正整数末尾含有 0 时，在输出时不应带有前导的 0，如输入 700，输出 7。

（2）高空坠球。

皮球从 100 米高度自由落下，触地后反弹到原高度的一半，再落下，再反弹……如此反复。皮球第 10 次落地时，在空中一共经过多少米？第 10 次反弹的高度是多少米？

（3）特殊数值。

已知四位数 3025 有一个特殊性质：它的前两位数 30 和后两位数 25 的和是 55，而 55 的平方刚好等于该四位数（55×55=3025）。试编程，要求输出所有具有这种特殊性质的四位数。

（4）计算圆周率。

利用公式 $\dfrac{\pi}{4}=1-\dfrac{1}{3}+\dfrac{1}{5}-\dfrac{1}{7}+\cdots$ 求 π 的近似值，直到某一项的绝对值小于 10^{-6} 为止。

提示：求实数 d 的绝对值函数为 fabs(d)，需要包含头文件#include <math.h>。

5.4 章节要点

1. while 语句

while 语句的一般形式为:

```
while(条件表达式)
{
    循环体;
}
```

while 语句的执行过程为: 计算条件表达式的值, 如果条件表达式的值为真, 那么执行循环体, 并再次计算条件表达式的值, 重复上述过程, 直到条件表达式的值为假, 退出循环, 并转入执行下一条语句。

使用 while 语句应注意以下几点。

(1) while 语句中的条件表达式可以为常量、变量或任意表达式, 只要它的值为真就可以继续循环。

(2) 循环体可以是一条简单的语句、一条空语句或一条复合语句。循环体如果包含一条以上的语句, 那么应该用一对大括号括起来, 形成复合语句; 如果不添加大括号, 那么 while 语句的范围只到 while 后面第一个分号处。

(3) 在条件表达式中能使循环趋于结束的变量被称为循环控制变量, 循环控制变量在使用之前必须进行初始化。

(4) 在循环体中应有使循环趋于结束的语句, 即修改循环控制变量的值的语句。

2. do-while 语句

do-while 语句的一般形式为:

```
do{
    循环体;
}
while (条件表达式);
```

do-while 语句的执行过程为: 先执行循环体, 再计算条件表达式的值, 如果条件表达式的值为真, 那么再次执行循环体, 重复上述过程, 直到条件表达式的值为假, 退出循环, 并转入执行下一条语句。

使用 do-while 语句应注意以下几点。

(1) do 是 C 语言中的关键字, 与 while 联合使用。

(2) do-while 语句以 do 开始, 以 while 结束。应尤其注意, 不要省略 "while(条件表达式)" 后面的分号。

(3) 条件表达式可以是任意合规的表达式, 循环体如果包含一条以上的语句, 那么应该用一对大括号括起来, 形成复合语句。

3．while 语句和 do-while 语句的比较

当一个程序至少执行一次循环体时，while 语句与 do-while 语句是可以相互替代的。

4．break 语句

break 语句只能用在循环体和 switch 语句中。当 break 语句用于 switch 语句中时，可以使程序跳出 switch 语句而执行下一条语句。

当 break 语句用于循环体中时，可以使程序终止循环而执行循环体后面的语句。通常 break 语句总是与 if 语句结合在一起使用，即当满足条件时提前结束本层循环。

5．continue 语句

continue 语句的作用是结束本次循环，即跳过循环体中剩余的语句而执行下一次循环。continue 语句只能用在循环体中，常与 if 语句一起使用。

6．常见的程序设计错误

（1）把 while 写成 While，C 语言中的所有关键字都只包含小写字母。

（2）在 while 语句和 do-while 语句中遗漏了使循环趋于结束的语句，导致无限循环，使程序无法正常终止。

（3）条件表达式建立不当或没有将条件表达式用小括号括起来，出现逻辑错误。例如，while 语句、do-while 语句中的条件表达式必须用小括号括起来。注意，条件表达式不能省略。

（4）被重复执行的多条语句应该用大括号括起来，却没有用大括号括起来而形成复合语句。

（5）将循环语句的条件中的"="当作"=="。

（6）复合语句的大括号不配对或函数体中的大括号、小括号不配对，缺少必要的半边大括号。

（7）"while(条件表达式)"后面多了分号，导致循环体被空置，无法被执行（不该添加分号的地方添加了分号）。

（8）有关变量，尤其是循环控制变量未被初始化，导致程序无法正常终止，执行结果错误。

（9）do-while 语句中的"while(条件表达式)"后面缺少了必要的分号。

（10）循环体中的语句执行顺序错误，或不满足要求。

5.5　课后习题

一、选择题

1．以下叙述中正确的是（　　　）。

　　A．do-while 语句构成的循环不能用其他语句构成的循环来替代

    B．do-while 语句构成的循环只能用 break 语句退出

    C．当 do-while 语句构成的循环在 while 后面的条件表达式的值为真时结束循环

    D．当 do-while 语句构成的循环在 while 后面的条件表达式的值为假时结束循环

2．C 语言中的 while 语句和 do-while 语句的主要区别是（　　　）。

    A．do-while 语句的循环体至少被无条件执行一次

    B．while 语句的循环控制条件比 do-while 语句的循环控制条件严格

    C．do-while 语句允许从外部转到循环体中

    D．do-while 语句的循环体不能是复合语句

3．语句 while(!e);中的条件!e 等价于（　　　）。

    A．e==0　　　　　　B．e!＝0　　　　　　C．e!＝1　　　　　　D．~e

4．以下与语句 while(e)中的条件 e 不等价的表达式是（　　　）。

    A．!e==0　　　　　　B．e>0||e<0　　　　　C．e==0　　　　　　D．e!=0

5．在 C 语言中，当 do-while 语句中的条件表达式的值为（　　　）时，结束该循环。

    A．真　　　　　　　　B．1　　　　　　　　C．0　　　　　　　　D．非 0

6．以下循环语句中有语法错误的是（　　　）。

    A．while(x=y) 5;　　　　　　　　　　B．while(0) ;

    C．do 2;while(x==b);　　　　　　　　D．do x++ while(x==10);

7．在 C 语言中，若已定义 k 为 int 类型变量，则以下 while 语句执行（　　　）次。

```
k=10; while(k==0) k=k-1;
```

    A．10　　　　　　　　B．无限　　　　　　　C．0　　　　　　　　D．1

8．以下程序的运行结果是（　　　）。

```
#include <stdio.h>
void main( )
{
    int n=9;
    while(n>6) { n--; printf("%d",n); }
}
```

    A．987　　　　　　　　B．876　　　　　　　C．8765　　　　　　D．9876

9．以下程序的运行结果是（　　　）。

```
#include <stdio.h>
void main( )
{
    int n=4;
    while(n--) printf("%d ", --n);
}
```

    A．2 0　　　　　　　　B．3 1　　　　　　　C．3 2 1　　　　　　D．2 1 0

10. 以下程序的运行结果是（   ）。

```
#include <stdio.h>
void main( )
{
    int num= 0;
    while(num<=2)
    {
        num++; printf("%d ",num);
    }
}
```

    A. 1 2 3 4   B. 1 2 3   C. 1 2   D. 1

11. 若已有定义 int n=10;，则以下程序的运行结果是（   ）。

```
while(n>7)
{
    n--; printf("%d ",n);
}
```

    A. 10 9 8 7   B. 9 8 7 6   C. 10 9 8   D. 9 8 7

12. 以下程序的运行结果是（   ）。

```
#include <stdio.h>
void main( )
{
    int num=0;
    while(num<=2)
    {
        num++; printf("%d,", num);
    }
}
```

    A. 1,   B. 1,2,   C. 1,2,3,   D. 1,2,3,4,

13. 运行以下程序，在退出 while 语句时，变量 s 的值是（   ）。

```
int i=0, s=1;
while(i<3) s+=(++i);
```

    A. 7   B. 6   C. 5   D. 4

14. 运行以下程序，在退出 while 语句时，变量 s 的值是（   ）。

```
int i=0, s=1;
while(i<3) s+=(i++);
```

    A. 6   B. 5   C. 4   D. 3

15. 以下程序的运行结果是（   ）。

```
#include <stdio.h>
void main( )
{
    int x=0,y=0;
```

```
        while(x<15) y++,x+=++y;
        printf("%d,%d", y, x);
}
```

 A. 20,7   B. 6,12   C. 20,8   D. 8,20

16. 以下程序的运行结果是（   ）。

```
#include <stdio.h>
void main( )
{
    int n=0;
    while(n++<=2);
    printf("%d", n);
}
```

 A. 2   B. 3   C. 4   D. 有语法错误

17. 以下程序的运行结果是（   ）。

```
#include <stdio.h>
void main( )
{
    int n=10;
    while(n>7)
    {
        n--; printf("%d,", n);
    }
}
```

 A. 10,9,8,   B. 9,8,7,   C. 10,9,8,7,   D. 9,8,7,6,

18. 若通过键盘输入"ABCdef<回车>"，则以下程序的运行结果是（   ）。

```
#include <stdio.h>
void main( )
{
    char ch;
    while((ch=getchar())!='\n')
    {
        if(ch>='A' && ch<='Z') ch=ch+32;
        else if(ch>='a' && ch<='z') ch=ch-32;
        printf("%c",ch);
    }
    printf("\n");
}
```

 A. ABCdef   B. abcDEF   C. abc   D. DEF

19. 以下程序的运行结果是（   ）。

```
#include <stdio.h>
void main( )
{
    int y=10;
```

```
    while(y--);
    printf("y=%d\n", y);
}
```

A．y=0 　　　　　　　　　　　B．y=-1

C．y=1 　　　　　　　　　　　D．陷入死循环

20．以下程序的运行结果是（　　）。

```
#include <stdio.h>
void main( )
{
    int a=1,b=2,c=2,t;
    while(a<b<c) { t=a;a=b;b=t;c--; }
    printf("%d,%d,%d", a, b, c);
}
```

A．1,2,0 　　　B．2,1,0 　　　C．1,2,1 　　　D．2,1,1

21．以下程序的运行结果是（　　）。

```
#include <stdio.h>
void main( )
{
    int x=3;
    do {
        printf("%d\n", x-=2);
    }while(!(--x));
}
```

A．1 　　　　　　　　　　　B．1 和-2

C．3 和 0 　　　　　　　　　　D．陷入死循环

22．以下程序（　　）。

```
x=-1;
do{
    x=x*x;
} while(!x);
```

A．陷入了死循环 　　　　　　B．将循环执行两次

C．将循环执行一次 　　　　　　D．有语法错误

23．以下程序的运行结果是（　　）。

```
int x=3
do{
    printf("%d", x-=2);
}while (!(--x));
```

A．1 　　　　B．30 　　　　C．1-2 　　　　D．陷入死循环

24．有以下程序：

```
int n,t=1,s=0;
scanf("%d",&n);
```

```
do{
    s=s+t; t=t-2;
}while (t!=n);
```

若要使程序不陷入死循环，则通过键盘输入的数据应该是（   ）。

    A．任意正奇数   B．任意负偶数   C．任意正偶数   D．任意负奇数

25．以下程序的运行结果是（   ）。

```
#include <stdio.h>
void main( )
{
    int x=23;
    do{
        printf("%d",x--);
    }while(!x);
}
```

    A．321   B．23

    C．空   D．陷入死循环

26．以下程序的运行结果是（   ）。

```
#include <stdio.h>
void main( )
{
    int a=1, b=2;
    while(a<6) { b+=a; a4+=2; b%=10; }
    printf("%d,%d\n", a, b);
}
```

    A．5,11   B．7,1   C．7,11   D．6,1

27．有以下程序：

```
#include <stdio.h>
void main( )
{
int s=0, a=1, n;
    scanf("%d", &n);
    do{
        s+=1; a=a-2;
    }while(a!=n);
printf("%d\n", s);
}
```

若要使程序的运行结果为2，则应通过键盘输入（   ）。

    A．−1   B．−3   C．−5   D．0

28．假定a和b为int类型变量，运行以下程序后，b的值为（   ）。

```
a=1; b=10;
do{
```

```
    b-=a; a++;
}while (b--<0) ;
```
　　A．9　　　　　　　B．-2　　　　　　C．-1　　　　　　D．8

29．以下程序的运行结果是（　　）。

```
#include <stdio.h>
void main( )
{
    int y=10;
    do { y--; } while(--y);
    printf("%d\n", y--);
}
```
　　A．-1　　　　　　B．1　　　　　　C．8　　　　　　D．0

30．以下程序的运行结果是（　　）。

```
#include <stdio.h>
void main( )
{
    int a=1, b=10;
    do{ b-=a; a++; } while(b--<0);
    printf("a=%d,b=%d", a, b);
}
```
　　A．a=3,b=11　　B．a=2,b=8　　C．a=1,b=-1　　D．a=4,b=9

二、填空题

1．在 C 语言程序中，实现循环的语句主要有_____、_____、_____。

2．在 C 语言程序中，当 do-while 语句构成的循环中的条件表达式的值为_____时，结束循环。

3．以下程序的运行结果是_____。

```
#include <stdio.h>
void main( )
{
    int i=10, j=0;
    do{
        j=j+i; i-;
    }while(i>2);
    printf("%d\n", j);
}
```

4．若通过键盘输入 1298，则以下程序的运行结果是_____。

```
#include <stdio.h>
void main( )
{
    int n1, n2;
```

```
    scanf("%d", &n2);
    while(n2!=0)
    {
        n1=n2%10;
        n2=n2/10;
        printf("%d", n1);
    }
}
```

5. 以下程序的功能是通过键盘输入若干个学生的成绩,统计并输出最高成绩和最低成绩,当输入负数时输出统计结果。请在_____内填入正确的内容。

```
#include <stdio.h>
void main( )
{
float x, max, min;
    scanf("%f", &x);
    max=x; min=x:
    while(_____)
    {
        if(x>max) max=x;
        if(_____) min=x;
        scanf("%f",&x);
    }
    printf("max=%f,min=%f", max, min);
}
```

5.6 习题答案

一、选择题

1. D   2. A   3. A   4. C   5. C   6. D   7. C   8. B   9. A
10. B   11. D   12. C   13. A   14. C   15. D   16. C   17. B   18. B
19. B   20. A   21. B   22. C   23. C   24. D   25. B   26. B   27. B
28. D   29. D   30. B

二、填空题

1. while 语句   do-while 语句   for 语句

2. 0

3. 52

4. 8921

5. x>0.0   x<min

模块 6

循环结构程序设计（2）

6.1 实验目的

（1）熟练掌握 for 语句的一般形式及执行过程。
（2）熟练掌握 for 语句的 3 个表达式和循环语句。
（3）掌握如何正确地控制计数循环结构的循环次数。
（4）了解对计数循环结构进行测试的基本方法。
（5）掌握 for 语句嵌套的使用方法及提高编程效率的方法。
（6）掌握几种循环语句的特色。

6.2 实验准备

（1）复习 for 语句的一般形式及执行过程。
（2）复习 3 种循环语句的联系与区别。
（3）复习循环嵌套的注意事项。

6.3 实验内容

6.3.1 基础训练

训练 1：for 语句的应用 1

编写一个简单的程序，实现整数 1～100 的累加运算。

```
#include<stdio.h>
void main()
{
```

```
    int sum=0,i;
    for(i=1;i<=100;i++)
        sum=sum+i;
    printf("sum=%d\n",n,sum);
}
```

分析：

在使用 for 语句编程时，一定要注意以下几个关键点：循环变量的初始化、循环条件的判断、循环体和循环变量的修改。在本例中执行到 for 语句时，先给变量 i 赋初始值 1，判断 i 小于或等于 100 是否成立。因为此时 i=1，所以 i 小于或等于 100 成立，执行循环体。循环体执行结束后（变量 sum 的值为 1），计算 i++ 的值。在进行第二次循环时，变量 i 的值为 2，i 小于或等于 100 成立，继续执行循环体。循环体执行结束后（变量 sum 的值为 3），计算 i++ 的值。重复执行上一个步骤，直到进行到第 101 次循环，此时变量 i 的值为 101，i 小于或等于 100 不成立，结束循环。

试一试：

分别省略 for 语句中的表达式 1、表达式 2、表达式 3，以及循环体等编程方法，进行上机实验并测试结果。

训练 2：for 语句的应用 2

求 1！+2！+…+20！。

$$\sum_{n=1}^{20} n!$$

代码如下：

```
#include<stdio.h>
int main()//主函数
{
    double sum=0,temp=1;          //定义 double 类型变量
    int i;                        //定义 int 类型变量
    for(i=1;i<=20;i++)            //for 语句
    {
        temp=temp*i;
        sum=sum+temp;
    }
    printf("结果：%22.15e\n",sum);  //输出结果，注意输出的格式
    return 0;                     //主函数的返回值为 0
}
```

分析：

首先求出每项的值，其次把各项的值相加得到所求的值。注意，存储求和运算结果的变量的初始值应为 0，存储求积运算结果的变量的初始值应为 1。变量 sum 不应被定义为

int 类型数据或 long 类型数据，int 类型数据和 long 类型数据都占 4 字节，范围为-21 亿～
21 亿。将变量 sum 定义为 double 类型数据，可以提高精度。在输出时，使用 22.15e 格式，
可以使数据的宽度为 22，数值部分的小数位数为 15 位。

6.3.2　进阶训练

进阶 1：迭代问题

猴子吃桃问题：猴子第一天摘了若干个桃子，当即吃了一半，还不过瘾，又多吃了一
个，第二天将剩下的桃子吃了一半，又多吃了一个。以后每天都吃前一天剩下桃子的一半
多一个。到第 10 天再想吃时，只剩下一个桃子。求猴子第一天共摘了多少个桃子。

代码如下：

```
#include<stdio.h>
void main()
{
    int x=1,day;
    for(day=9;day>0;day--)
        x=(x+1)*2;
    printf("the total is %d\n",x);
}
```

📖分析：

采取逆向思维的方法，从后往前推断，设第 day+1 天的桃子数为 x，第 day 天的桃子数
为(x+1)*2。此类问题看起来复杂，做起来简单。

循环变量：day；

循环初始值：9，这是因为第一次循环求的是第 9 天剩余的桃子数；

循环控制条件：day>0；

循环体：采用迭代公式 x=(x+1)*2。

进阶 2：　break 语句在 for 语句中的应用

求 100～200 中最大的素数和最小的素数，并求二者的差。

代码如下：

```
#include<stdio.h>
void main()
{
    int big,small;
    int result;
    int i,j;
    int flag;
    for( i=100;i<200;i++ )
    {
```

```
        flag=0;
        for( j=2;j<i;j++ )
        {
            if( i%j==0 )
            {
                flag=1;
                break;
            }
        }
        if( flag==0 )
        {
            small=i;
            break;
        }
    }
    for( i=200;i>=100;i-- )
    {
        flag=0;
        for( j=2;j<i;j++ )
        {
            if( i%j==0 )
            {
                flag=1;
                break;
            }
        }
        if( flag==0 )
        {
            big=i;
            break;
        }
    }
    result=big-small;
    printf("big:%d\n",big);
    printf("small:%d\n",small);
    printf("result:%d\n",result);
}
```

📖 **分析：**

（1）素数的概念：只能被1和自身整除的正整数为素数。

（2）分别求最大的素数和最小的素数，并输出（最小的素数正序找出，最大的素数倒序找出）。

（3）求二者的差，并输出。

6.3.3　深入思考

思考 1：最大公约数的计算

输入正整数 m 和 n，分别求其最大公约数和最小公倍数。

代码如下：

```c
#include <stdio.h>
void main()
{
    int m,n,temp;
    int i;
    int great,least;
    printf("input m,n:");
    scanf("%d,%d",&m,&n);
    if( m>n )
    {
        temp=m;
        m=n;
        n=temp;
    }
    for( i=1;i<=m;i++ )
    {
        if( n%i==0 && m%i==0 )
            great=i;
    }
    least=m*n/great;
    printf("The greatest common divisor is %d\n",great);
    printf("The least common multiple is %d\n",least);
}
```

分析：

（1）最大公约数：能够同时被 m 和 n 整除的最大正整数。

（2）最小公倍数：m 和 n 的乘积除以最大公约数所得的数。

（3）使用 for 语句，将 m 和 n 同时除以正整数 1～m（m<n），直到找出最大正整数，即最大公约数。

（4）输出格式如下：

```
The greatest common divisor is *!
The least common multiple is *!
```

思考 2：水仙花数的计算

水仙花数是指一个三位数，其各位数的立方和等于该三位数本身。例如，153 是一个水仙花数，这是因为 $153 = 1^3 + 5^3 + 3^3$。

代码如下：

```
#include <stdio.h>
void main()
{
    int a,b,c;
    int i;
    int temp;
    for( i=100;i<1000;i++ )
    {
        a=i/100;
        b=(i-a*100)/10;
        c=i%10;
        temp=a*a*a+b*b*b+c*c*c;
        if( i==temp )
            printf("%d\n",i);
    }
}
```

分析：

（1）因为水仙花数是一个三位数，所以其取值范围是100～999。

（2）使用for语句。

（3）在for语句中需要把各位数分离出来，并求和，将求得的和同原数比较，进行判断。

思考3：多层循环嵌套问题

在屏幕上输出以下图形。

```
*
***
*****
*******
*****
***
*
```

代码如下：

```
#include <stdio.h>
void main()
{
    int i,j,k;
    for(i=0;i<=3;i++)                    /*输出上面4行"*"*/
    {
        for(j=0;j<3-i;j++)
```

```
        printf(" ");                    /*输出"*"前面的空格*/
    for(k=0;k<2*i+1;k++)
        printf("*");                    /*输出"*"*/
    printf("\n");                       /*输出1行"*"后换行*/
}
for(i=0;i<=2;i++)                       /*输出下面3行"*"*/
{
    for(j=0;j<i+1;j++)
        printf(" ");                    /*输出"*"前面的空格*/
    for(k=0;k<5-2*i;k++)
        printf("*");                    /*输出"*"*/
    printf("\n");                       /*输出1行"*"后换行*/
}
}
```

分析：

通过具体的数，找出一般规律，使用一般规律检测规律是否正确。通过分析每行输出的空格和"*"的个数，归纳出每行输出的空格和"*"的个数的规律。

上面4行：

变量i的值	空格的个数	"*"的个数
0	3	1
1	2	3
2	1	5
3	0	7
规律：i	3-i	2*i+1

下面3行：

变量i的值	空格的个数	"*"的个数
0	1	5
1	2	3
2	3	1
规律：i	i+1	5-2*i

通过以上方法，得出上面4行，每行输出3-i个空格，输出2*i+1个"*"；下面3行，每行输出i+1个空格，输出5-2*i个"*"。解决此类问题的关键是找出规律。

思考4：4×4的整数矩阵的输出

在屏幕上输出一个4×4的整数矩阵。

代码如下：

```
#include <stdio.h>
int main()
{
```

```
    int i, j;
    for(i=1; i<=4; i++)
    {                                        //外层 for 语句循环
        for(j=1; j<=4; j++)
        {                                    //内层 for 语句循环
            printf("%-4d", i*j);
        }
        printf("\n");
    }
    return 0;
}
```

分析：

在进行第一次外层 for 语句循环时，变量 i 的值为 1，内层 for 语句要输出 4 次 1*j 的值，也就是第一行数据。内层 for 语句循环结束后先执行 printf("\n")，输出换行符，再执行外层 for 语句的 i++语句。此时，外层 for 语句的第一次循环结束。在进行第二次外层 for 语句循环时，变量 i 的值为 2，内层 for 语句要输出 4 次 2*j 的值，也就是第二行数据。内层 for 语句循环结束后先执行 printf("\n")，输出换行符，再执行外层 for 语句的 i++语句。此时，外层 for 语句的第二次循环结束。外层 for 语句的第三次、第四次循环以此类推。可以看到，内层 for 语句每循环一次输出一个数据，而外层 for 语句每循环一次输出一行数据。

6.4 章节要点

1. for 语句

for 语句的一般形式为：

```
for (表达式1; 表达式2; 表达式3)
    循环体；
```

for 语句的执行过程如下。

（1）求表达式 1 的值。

（2）求表达式 2 的值。如果表达式 2 的值为真，那么执行（3）；否则，转至执行（4）。

（3）先执行循环体，并求表达式 3 的值，然后转至执行（2）。

（4）执行 for 语句的下一条语句。

使用 for 语句应注意以下几点。

（1）for 是 C 语言的关键字，其后面的小括号中通常含有 3 个表达式，各表达式之间用分号隔开。

（2）当循环体中含有多条语句时，应用大括号括起来。

（3）表达式 1 可以用于设置循环控制变量的初始值，也可以是与循环控制变量无关的表达式。

（4）for 语句中的 3 个表达式是可以被省略的，但 3 个表达式之间的分号不能被省略。

（5）for 语句中的 3 个表达式可以是任意表达式。

2．while 语句、do-while 语句和 for 语句的比较

（1）3 种循环语句都可以用来处理同一个问题，一般可以相互替代。

（2）在使用循环语句解决问题时应避免陷入死循环。在 while 语句和 do-while 语句的循环体中应包括使循环趋于结束的语句；在 for 语句的表达式 3 中应包括使循环趋于结束的语句。

（3）对于 while 语句和 do-while 语句，循环变量的初始化应在 while 语句和 do-while 语句之前实现；而对于 for 语句，循环变量的初始化可以在表达式 1 中实现，也可以在 for 语句之前实现。

（4）do-while 语句适用于处理无论条件是否成立，都先执行一次循环体的情况；而 for 语句适用于循环次数确定的情况。

3．循环嵌套的使用

在一个循环体中包含另一个完整的循环体结构的形式，被称为循环嵌套。嵌套在循环体中的循环被称为内循环；在内循环外的循环被称为外循环。如果在内循环中又嵌套了循环体那么就构成了多重循环。在循环嵌套语句中，外循环执行一次，内循环执行若干次，while 语句、do-while 语句、for 语句都可以嵌套。

4．常见的程序设计错误

（1）在 for 语句中用逗号替代分号。

（2）复合语句中遗漏了大括号或半边大括号。

（3）在 3 种循环语句中定义循环变量终值不正确，造成循环次数错误。

（4）在 for（表达式 1;表达式 2;表达式 3）的后面多了分号，导致循环体不能正常执行。

（5）表达式的值无法改变，陷入死循环，使程序无法正常终止。

（6）表达式不准确，产生多执行或少执行循环体的情况。

（7）循环体被空置，无法被执行（不该添加分号的地方添加了分号）。

（8）有关变量，尤其是循环控制变量未被初始化，导致程序无法正常终止，执行结果错误。

（9）在使用循环嵌套时，出现交叉现象。

6.5 课后习题

一、选择题

1. 下面有关 for 语句的描述正确的是（   ）。

   A. for 语句只能用于循环次数确定的情况

   B. for 语句是先执行循环体，后判定表达式

   C. 在 for 语句中，不能用 break 语句跳出循环体

   D. 在 for 语句的循环体中，可以包含多条语句，但要用大括号括起来

2. 可以将 for(表达式 1;;表达式 3)理解为（   ）。

   A. for(表达式 1;1;表达式 3)

   B. for(表达式 1:1;表达式 3)

   C. for(表达式 1;表达式 1;表达式 3)

   D. for(表达式 1;表达式 3;表达式 3)

3. 以下正确的描述是（   ）。

   A. continue 语句的作用是结束整个循环体的执行

   B. 只能在循环体和 switch 语句中使用 break 语句

   C. 在循环体中使用 break 语句的作用和使用 continue 语句的作用相同

   D. 从多层循环嵌套中退出时，只能使用 goto 语句

4. 在 C 语言中（   ）。

   A. 不能使用 do-while 语句构成的循环

   B. do-while 语句构成的循环只有使用 break 语句才能退出

   C. 对于 do-while 语句构成的循环，当 while 语句中表达式的值为真时结束

   D. 对于 do-while 语句构成的循环，当 while 语句中表达式的值为假时结束

5. C 语言中的 while 语句和 do-while 语句的主要区别是（   ）。

   A. do-while 语句的循环体至少被无条件执行一次

   B. while 语句的循环控制条件比 do-while 语句的循环控制条件严格

   C. do-while 语句允许从外部转到循环体中

   D. do-while 语句的循环体不能是复合语句

6. 以下程序中没有陷入死循环的是（   ）。

   A.

```
int I=100;
while(1)
{ I=I%100+1;
   if(I>100) break;
}
```

   B.

```
for ( ; ; );
```

C.
```
int  k=0;
do{++k; }
while(k>=0);
```

D.
```
int s=36;
while(s);
--s;
```

7. 以下程序中能正确计算 1×2×3×…×10 的是（   ）。

A.
```
do{i=1;s=1;
s=s*i;
i++;
}while(i<=10);
```

B.
```
do{i=1;s=0;
s=s*i;
i++;
}while(i<=10);
```

C.
```
i=1;s=1;
do{  s=s*i;
i++;
}while(i<=10);
```

D.
```
i=1;s=0;
do{ s=s*i;
i++;
}while(i<=10);
```

8. 以下程序的运行结果是（   ）。
```
#include <stdio.h>
void main()
{
    int y=10;
    do{y--;}
        while(--y);
    printf("%d\n",y--);
}
```

A．-1   B．1   C．8   D．0

9. 以下程序的运行结果是（   ）。
```
#include<stdio.h>
void main()
{
    int num=0;
    while(num<=2)
    {
        num++;
        printf("%d\n",num);
    }
}
```

A．1   B．1 2   C．1 2 3   D．1 2 3 4

10. 若通过键盘输入"3.6   2.4<CR>(<CR>表示回车)"，则以下程序的运行结果是（   ）。
```
#include<math.h>
#include<stdio.h>
void main()
```

```
{
    float x,y,z;
    scanf("%f%f",&x,&y);
    z=x/y;
    while(1)
    {
        if(fabs(z)>1.0)
        {
            x=y;y=z;z=x/y;
        }
        else
            break;
    }
    printf("%f\n",y);
}
```

A. 1.500000　　　B. 1.600000　　　C. 2.000000　　　D. 2.400000

二、程序阅读题

1. 若通过键盘输入 2473✓，则以下程序的运行结果是（　　　）。

```
#include<stdio.h>
void main()
{
    int c;
    while((c=getchar())!='\n')
    switch(c-'2')
    {
        case  0:
        case  1:  putchar(c+4);
        case  2:  putchar(c+4);break;
        case  3:  putchar(c+3);
        default:  putchar(c+2);break;
    }
    printf("\n");
}
```

2. 若通过键盘输入 ADescriptor✓，则以下程序的运行结果是（　　　）。

```
#include <stdio.h>
void main()
{
    char c;
    int v0=0,v1=0,v2=0;
    do{
        switch(c=getchar())
        {
```

```
        case 'a': case 'A':
        case 'e': case 'E'
        case 'i': case 'I':
        case 'o': case 'O':
        case 'u': case 'U': v1+=1;
        default: v0+=1; v2+=1;}
    }while(c!='n\');
    printf("v0=%d,v1=%d,v2=%d\n",v0,v1,v2);
}
```

3. 以下程序的运行结果是（　　　）。

```
#include<stdio.h>
void main()
{
    int i,b,k=0;
    for(i=1;i<=5;i++)
    {
        b=i%2;
        while(b-->=0) k++;
    }
    printf("%d,%d",k,b);
}
```

4. 以下程序的运行结果是（　　　）。

```
#include<stdio.h>
void main()
{
    int a,b;
    for (a=1,b=1;a<=100;a++)
    {
        if(b>=20)   break;
        if(b%3==1)  {b+=3;   continue;}
        b-=5;
    }
    printf("%d\n",a);
}
```

5. 以下程序的运行结果是（　　　）。

```
#include<stdio.h>
void main()
{
    int i,j,x=0;
    for (i=0;i<2;i++)
    {
        x++;
        for(j=0;j<=3;j++)
        {
```

```
            if(j%2) continue;
            x++;
        }
        x++;
    }
    printf("x=%d\n",x);
}
```

6. 以下程序的运行结果是（   ）。

```
#include<stdio.h>
void main()
{
    int i;
    for (i=1;i<=5;i++)
    {
        if(i%2)    printf("*");
        else      continue;
        printf("#");
    }
    printf("$\n");
}
```

7. 以下程序的运行结果是（   ）。

```
#include<stdio.h>
void main()
{
    int i,j,a=0;
    for(i=0;i<2;i++)
    {
        for (j=0; j<4; j++)
        {
            if (j%2) break;
            a++;
        }
        a++;
    }
    printf("%d\n",a);
}
```

8. 以下程序的运行结果是（   ）。

```
#include<stdio.h>
void main()
{
    int i,j,k;
    for(i=1;i<=4;i++)
    {
        for(j=1;j<=20-3*i;j++)
```

```
            printf(" ");
        for(k=1;k<=2*i-1;k++)
            printf("%3s","*");
        printf("\n");
    }
    for(i=3;i>0;i--)
    {
        for(j=1;j<=20-3*i;j++)
            printf(" ");
        for(k=1;k<=2*i-1;k++)
            printf("%3s","*");
        printf("\n");
    }
}
```

9. 以下程序的运行结果是（　　　）。

```
#include<stdio.h>
void main()
{
    int i,j,k;
    for(i=1;i<=6;i++)
    {
        for(j=1;j<=20-3*i;j++)
            printf(" ");
        for(j=1;j<=i;j++)
            printf("%3d",j);
        for(k=i-1;k>0;k--)
            printf("%3d",k);
        printf("\n");
    }
}
```

三、填空题

1. 以下程序的功能是将小写字母变成对应的大写字母后的第二个字母，其中将 y 变成 A，将 z 变成 B。请在＿＿＿内填入正确的内容。

```
#include<stdio.h>
void main()
{
    char c;
    while((c=getchar())!='\n')
    { if(c>='a'&&c<='z')
        {_____;
            if(c>'Z'&&c<='Z'+2)
            _____;
```

```
        }
        printf("%c",c);
    }
}
```

2. 以下程序的功能是统计通过键盘输入的一组字符中的大写字母的个数 m 和小写字母的个数 n，并输出 m、n 中的较大数。请在_____内填入正确的内容。

```
#include<stdio.h>
void main()
{
    int m=0,n=0;
    char c;
    while((_____)!='\n')
    {
        if(c>='A'&&c<='Z')  m++;
        if(c>='a'&&c<='z')  n++;
    }
    printf("%d\n",m<n? _____);
}
```

3. 以下程序的功能是把 316 表示为分别能被 13 和 11 整除的两个加数。请在_____内填入正确的内容。

```
#include <stdio.h>
void main()
{
    int i=0,j,k;
    do{i++;k=316-13*i;}
    while(_____);
    j=k/11;
    printf("316=13*%d+11*%d",i,j);
}
```

4. 以下程序的功能是求算式 xyz+yzz=532 中 x、y、z 的值。其中，xyz 和 yzz 分别表示一个三位数。请在_____内填入正确的内容。

```
#include<stdio.h>
void main()
{
    int x,y,z,i,result=532;
    for(x=1;_____;x++)
        for(y=1;_____;y++)
            for(z=0;_____;z++)
            {
                i=100*x+10*y+z+100*y+10*z+z;
                if(_____)
                printf("x=%d,y=%d,z=%d\n",x,y,z);
            }
}
```

5. 以下程序的功能是根据公式 e=1+1/1!+1/2!+1/3!+……求 e 的近似值，精度要求为 10^{-6}。

请在_____内填入正确的内容。

```c
#include<stdio.h>
void main()
{
    int i;double e,new;
    e=1.0;new=1.0;
    for(i=1; _____ ;i++)
    {
        _____ ;
        _____ ;
    }
    printf("e=%f\n",e)
}
```

6. 以下程序的功能是完成用一元人民币换成一分、两分、五分人民币的所有兑换方案。请在_____内填入正确的内容。

```c
#include<stdio.h>
void main()
{
    int i,j,k,l=1;
    for(i=0;i<=20;i++)
        for(j=0;_____;j++)
        {_____;
            if(k>=0)
            {
                printf(" %2d, %2d, %2d ",i,j,k);
                _____;
                if(l%5==0)  printf("\n");
            }
        }
}
```

7. 以下程序的功能是统计正整数的各位数中 0 的个数，并求各位数中的最大数。请在_____内填入正确的内容。

```c
#include<stdio.h>
void main()
{
    int n,count,max,t;
    count=max=0;
    scanf("%d",&n);
    do
    {
        _____;
        if(_____)
            ++count;
        else if(_____)
```

```
            max=t;
        _____;
    } while(n);
    printf( "count=%d,max=%d" ,count,max);
}
```

四、编程题

1. 根据公式 $\pi^2/6 \approx 1/1^2 + 1/2^2 + 1/3^2 + \cdots + 1/n^2$，求 π 的近似值，直到最后一项的值小于 10^{-6} 为止。

2. 有 1020 个西瓜，第一天卖出一半多两个，以后每天卖出剩下的一半多两个，几天后可以卖完？

3. 使用辗转相除法求两个正整数的最大公约数。

4. 已知等差数列的第一项为 2，公差为 3，求在项数 n 小于或等于 N 的 S_n 中，能被 4 整除的所有数的和。

5. 求使用整数 0~9 可以组成多少个没有重复的三位偶数。

6. 输出整数 1~100 中各位数的乘积大于整数 1~100 中各位数的和的数。

7. 求 1000 以内的所有完全数。说明：一个数如果恰好等于它的因子之和（除自身外），那么称这个数为完全数。例如，在 6=1+2+3 中，6 为完全数。

8. 有一堆零件（100~200 个），若 4 个零件一组，则多 2 个零件；若 7 个零件一组，则多 3 个零件；若 9 个零件一组，则多 5 个零件。求这堆零件的总数。

6.6 习题答案

一、选择题

1. D   2. A   3. B   4. D   5. A   6. C   7. C   8. A   9. C
10. B

二、程序阅读题

1. 668977

2. v0=12,v1=4,v2=12

3. 8,–2

4. 8

5. x=8

6. *#*#*#$

7. 4

8.
```
      *
     * * *
    * * * * *
   * * * * * * *
    * * * * *
     * * *
      *
```

9.
```
              1
            1 2 1
          1 2 3 2 1
        1 2 3 4 3 2 1
      1 2 3 4 5 4 3 2 1
    1 2 3 4 5 6 5 4 3 2 1
```

三、填空题

1. c-=30　c-=26

2. c=getchar()　n:m

3. k%11

4. x<10　y<10　z<10　i==result

5. new>=1e-6　new/=(double)i　e+=new

6. j<=50　k=100-i*5-j*2　i=i+1

7. t=n%10　t==0　max<t　n/=10

四、编程题

1. 采用递归方式编写，当最后一项的值小于要求精度时，用平方根求 π 的近似值。
代码如下：

```
#include<stdio.h>
#include<math.h>
main( )
{
    long i=1;
    double  pi=0;
    while(i*i<=10e+6)
    {
        pi=pi+1.0/(i*i);
```

```
        i++;
    }
    Pi=sqrt(6.0*pi);
    printf( "pi=%10.6f\n", pi);
}
```

2．变量 x1 代表某天未卖出的西瓜数量，变量 x2 代表当天卖出了一半多两个后剩余的西瓜数量，变量 day 代表卖完西瓜所用的天数。

代码如下：

```
#include<stdio.h>
main( )
{
    int day,x1,x2;
    day=0; x1=1020;
    while(x1)
    {
        x2=(x1/2-2); x1=x2; day++;
    }
    printf("day=%d\n",day);
}
```

3．辗转相除法的原理是：用两个数中较大的数除以较小的数，得到相应的余数，若余数不为 0，则将余数当作较小的数，将前一个较小的数当作较大的数，再次进行相除，得到相应的余数，如此往复，直到得到的余数为 0，此时较小的数为最大公约数。假设 m、n 为两个输入的数，r 为余数。

代码如下：

```
#include<stdio.h>
main( )
{
    int r,m,n;
    scanf("%d%d",&m,&n);
    if(m<n)
    {
        r=m;m=n;n=r;
    }
    r=m%n;
    while(r)
    {
        m=n; n=r; r=m%n;
    }
    printf("%d\n",n);
}
```

4．等差数列前 n 项的和 sum=a+(a+d)+(a+2d)+…+(a+(n-1)d)，据此可用递归法求解。

代码如下：

```
#include<stdio.h>
main()
{
    int a,d,sum;
    a=2;d=3;sum=0;
    do
    {
        sum+=a;
        a+=d;
        if(sum%4==0)
            printf("%d\n",sum);

    }while(sum<200);
}
```

5. 利用三层 for 语句，只有三位数的个位数是偶数才能保证三位数为偶数，利用 if 语句以确定没有重复的三位数。

代码如下：

```
#include<stdio.h>
void main()
{
    int i,j,m,n=0;
    for(i=1;i<10;i++)
        for(j=0;j<10;j++)
            for(m=0;m<10;m+=2)
                if(i!=j && i!=m && j!=m) n++;

    printf("%d",n);
}
```

6. 编程的关键是将两位以上的数分开，并分别求出每位数的乘积 k 和每位数的和 s。

代码如下：

```
#include<stdio.h>
main()
{
    int n,k=1,s=0,m;
    for(n=1;n<=100;n++)
    {
        k=1;s=0;
        m=n;
        while(m)
        {
            k*=m%10;
            s+=m%10;
            m/=10;
```

```
        }
    if(k>s)  printf("%d",n);
    }
}
```

7. 通过整除的方式求数的因子，并将因子相加的和与自身对比。

代码如下：

```
#include<stdio.h>
main()
{
    int a,i,m;
    for(a=1;a<=100;a++)
    {
        for(m=0,i=1;i<=a/2;i++)
            if(!(a%i)) m+=i;
        if(m==a)   printf("%4d",a);
    }
}
```

8. 同时满足题目中的 3 个条件的个数即这堆零件的总数，通过遍历加条件判断。

代码如下：

```
#include <stdio.h>
main()
{
    int i;
    for(i=100;i<200;i++)
    {
        if((i-2)%4!=0)continue;
        if((i-3)%7!=0) continue;
        if((i-5)%9!=0) continue;
        printf("%d",i);
    }
}
```

模块 7

数　组

7.1 实验目的

（1）掌握数组定义的规则。

（2）掌握 C 语言中数组的基本用法。

（3）掌握一维数组的定义、赋值，以及输入的方法。

（4）掌握字符数组的使用方法。

（5）掌握二维数组的定义、赋值，以及输入、输出的方法。

（6）掌握与数组有关的算法，如排序算法。

（7）能将数组应用到实际生活中。

7.2 实验准备

（1）复习 C 语言中的字符、选择结构、循环结构等知识。

（2）复习数组的定义、引用和相关算法的程序设计方法。

（3）复习字符串处理函数、字符数组的使用及库函数的调用方法。

7.3 实验内容

7.3.1 基础训练

根据所给的内容，调试程序，分析结果，进行总结。

训练 1：数组长度的获取

使用 sizeof 函数获取数组的长度。

代码如下：

```
#include<stdio.h>

int main() {
int array[] = {1, 2, 3, 4, 5};
int length = sizeof(array) / sizeof(array[0]);

printf("数组的长度为: %d\n", length);

    return 0;
}
```

训练 2：数组的排序

通过键盘输入 10 个字符，并将其按相反的顺序输出。

代码如下：

```
#include<stdio.h>
void main()
{
    char a[10];
    int i;
    for (i = 0; i < 10; i++)              /*输入字符，存入数组 a*/
    {
        scanf_s("%c\n", &a[i]);
    }
    for (i = 9; i >= 0; i--)              /*按相反的顺序输出字符*/
    {
        printf("%c, ", a[i]);
    }
    printf("\n");
}
```

训练 3：数组的遍历 1

给数组元素赋初始值，并遍历数组，输出各个数组元素的值。

代码如下：

```
#include<stdio.h>
#define n 10;
void main()
{
    int a[n];
    int i;
    for(i=0;i<n;i++)
    {
        a[i]=i+1;
    }
```

```
    for(i=0;i<n;i++)
    {
        printf("%d",a[i]);
    }
}
```

训练 4：数组的遍历 2

使用表达式确定数组的长度，遍历数组。

代码如下：

```
#include<stdio.h>
void main()
{
    int m[2+2*4];
    int i;
    for(i=0;i<2+2*4;i++)
    {
        m[i]=i+1;
    }
    for(i=0;i<2+2*4;i++)
    {
        printf("%d",m[i]);
    }
}
```

训练 5：字符数组的定义和初始化

通过键盘输入一个仅由数字和英文字母组成的字符串，依次取出字符串中的所有英文字母，形成新字符串，取代原字符串。

输入后，仔细检查输入是否有误，如果有误，那么应修改错误，直到确认没有错误。编译并执行程序，记录程序的运行结果，分析程序的运行结果的由来，如果发生错误那么请说明发生错误的原因，并进行总结，以加强理解。

代码如下：

```
#include<stdio.h>
void main()
{
    char str[80];
    int i = 0, j = 0;
    printf("Enter a string:");
    scanf_s("%c", str);                        /*通过键盘输入一个字符串*/
    for (i = 0; str[i] != '\0'; i++)
    {
        if ((str[i] >= 'a' && str[i] <= 'z') || (str[i] >= 'A' && str[i] <=
'Z'))                                          /*判断是否为英文字母*/
        {
            str[j++] = str[i];                 /*是英文字母，前移*/
```

```
        }
    }
    str[j] = '\0';
    printf("the string fo changing is %s\n", str);/*输出新字符串*/
    return 0;
}
```

训练6：冒泡排序

通过键盘输入 10 个整数，采用冒泡排序使其按照从小到大的顺序排列。

代码如下：

```
#include<stdio.h>
#define N 10
void main()
{
    int a[N];
    int i,j,temp,min;
    for(i=0;i<N;i++)
    {
        scanf("%d",&a[i]);
    }
    for(i=0;i<N-1;i++)
    {
        min=i;
        for(j=i+1;j<N;j++)
            if(a[j]<a[min])
            {
                min=j;
            }
        temp=a[i];
        a[i]=a[min];
        a[min]=temp;
    }
    for(i=0;i<N;i++)
        printf("%d ",a[i]);
}
```

分析：

从数组的开头开始，依次比较两个相邻元素的大小，让较大的元素逐渐往后移动（交换两个元素的值），直到比较到数组的最后一个元素为止。经过第一轮的比较，就可以找到最大的元素，并将它移动到最后一个位置。第一轮的比较结束后，继续第二轮的比较。仍然从数组的开头开始，依次比较两个相邻元素的大小，让较大的元素逐渐往后移动，直到比较到数组的倒数第二个元素为止。经过第二轮的比较，就可以找到次大的元素，并将它放到倒数第二个位置。以此类推，进行 n-1（n 为数组的长度）轮冒泡排序后，就可以将所有元素都排列好。

因为整个排序的过程就好像气泡不断从水里冒出来，最大的先出来，次大的第二出来，最小的最后出来，所以将这种排序方式称为冒泡排序（Bubble Sort）。

7.3.2　进阶训练

进阶 1：一维数组的定义

阅读以下程序，分析程序的运行结果，并对其中各变量的作用和循环结构的运行方式进行详细说明。

代码如下：

```c
#include<stdio.h>
#define N 6
void main()
{
    int i,j,a[N],sum;
    sum=0;
    j=0;
    for(i=0;i<N;i++)
    {
        scanf("%d",&a[i]);
    }
    for(i=0;i<N;i++)
    {
        printf("%d",a[i]);
        j++;
        if(j%3==0)
            printf("\n");
    }
    for(i=0;i!=N;i++)
        sum+=a[i];
    printf("sum=%d\n",sum);
}
```

进阶 2：一维数组的引用

阅读以下程序，分析程序的运行结果，并分析程序的功能。

代码如下：

```c
#include<stdio.h>
#include<string.h>
void main()
{
    char s1[80],s2[40];
    int i=0,j=0;
    printf("\n Please input string1:");
```

```
    scanf("%s",s1);
    printf("\n Please input string2:");
    scanf("%s",s2);
    while(s1[i]!='\0')
        i++;
    while(s2[j]!='\0')
        s1[i++]=s2[j++];
    s1[i]='\0';
    printf("\n New string:%s",s1);
}
```

进阶3：回文数的应用

通过键盘输入一个正整数，判断其是否为回文数。

代码如下：

```
#include<stdio.h>
#include<string.h>
void main( )
{
    int  a,b;
    long c,d;
    int array[10];
    printf("\n Please input  integer:");
    scanf("%ld",&c);
    d=c;
    b=0;
    do
    {
        array[b++]=d%10;
        d/=10;
    }while (m!=0);
    b--;
    for(a=0;a<b;a++,b--)
        if (array[a]!=array[b]) break;
        if(a<b) printf("%ld不是一个回文数",c);
        else printf("%ld是一个回文数",c);
}
```

📖 **分析：**

回文数是指顺读和逆读都一样的数，如78987。通过键盘输入的正整数中的各位数按顺序保存在数组中，根据回文数的特点，对分解出的序列的左右两侧数两两比较，并向中间靠拢，若到位置重叠时各位数都相等，则可以判断该正整数是回文数，否则不是回文数。

7.3.3　深入思考

思考 1：二维数组的遍历

一个学习小组有 5 个学生，已知每个学生 3 门课程的考试成绩（见表 7.1），计算该学习小组各门课程考试成绩的平均分和总平均分。

表 7.1　考试成绩

学生姓名	课程名		
	数学	C 语言	英语
张涛	66	85	97
王正华	88	75	76
李丽丽	85	62	78
赵圈圈	65	54	33
周梦真	80	64	90

代码如下：

```c
#include <stdio.h>
    int main()
    {
    int i, j;                          //定义二维数组的下标
    int sum = 0;                       //当前课程考试成绩的总成绩
    int average;                       //总平均分
    int v[3];                          //各门课程考试成绩的平均分
    int a[5][3];                       //用来保存每个学生各门课程成绩的二维数组
    printf("Input score:\n");
    for(i=0; i<3; i++)
    {
        for(j=0; j<5; j++)
        {
            scanf("%d", &a[j][i]);     //输入每个学生各门课程的考试成绩
            sum += a[j][i];            //当前课程考试成绩的总成绩
        }
        v[i]=sum/5;                    //当前课程考试成绩的平均分
        sum=0;
    }
    average = (v[0] + v[1] + v[2]) / 3;
    printf("Math: %d\nC Language: %d\nEnglish: %d\n", v[0], v[1], v[2]);
    printf("Total: %d\n", average);
    return 0;
}
```

分析：

定义一个二维数组 a[5][3]用于存放 5 个学生 3 门课程的考试成绩，定义一个一维数组 v[3]用来存放各门课程考试成绩的平均分，定义一个变量 average 用来存放总平均分。

思考 2：约瑟夫问题

有 n（$n<100$）个人，其编号分别为 $1,2,3,\cdots,n$，现让这 n 个人按编号顺序顺时针方向围坐一圈，每人手持一个正整数密码。开始任选一个正整数 m，从第一个人开始按顺时针报数，报到 m 时停止，报 m 的人出列，并将其手持的密码作为新 m 的值，从其后面的一个人开始从 1 重新报数，直到所有人出列为止，求出列顺序。

代码如下：

```c
#include<stdio.h>
void  main()
{
    int array[100];
    int i,k,m,n,j=0;
    printf("input n,m:");
    scanf("%d,%d",&n,&m);
    printf("enter code array:");
    for (k=0;k<n;k++)
        scanf("%d",&array[k]);
    printf("\n output:\n");
    for (k=0;k<n;k++)
    {
        i=1;
        while(i<m)
        {
            while(array[j]==0)
            j=(j+1)%n;
            i++ ;
            j=(j+1)%n;
        }
        while(array[j]==0)
            j=(j+1)%n;
        printf("%6d",j);
        m=array[j];
        array[j]=0;
    }
}
```

📖 **分析：**

首先通过键盘输入 m 和 n 的值，使用数组 array 存放每次出列人手持的密码，使用变量 i 记录报数，使用变量 j 记录报数人的编号，当变量 i 的值等于 m 的值时，将变量 i 的值清零，重新报数。当编号为 j 的人出列后，将 array[j]赋给变量 m，将 array[j]置为 0。由于变量 j 的值必须小于 n，因此用 j=（j+1）%n 实现报数人的循环，用 k 记录出列的人数，当有 n 个人出列时，停止报数。

7.4 章节要点

（1）一维数组的定义和初始化。
（2）二维数组的定义和初始化。
（3）字符数组的定义和初始化。
（4）数组常用算法：排序、查找、求最大值和最小值。

7.5 课后习题

一、选择题

1．若有定义 int a[10];，则数组元素的正确引用是（　　）。

　A．a[10]　　　　　B．a[3.5]　　　　　C．a(5)　　　　　D．a[10-10]

2．若有以下程序，则正确的描述是（　　）。

```
char x[]="12345";
char y[]={'1', '2', '3', '4', '5'};
```

　A．数组 x 和数组 y 的长度相同　　　　B．数组 x 的长度大于数组 y 的长度

　C．数组 x 的长度小于数组 y 的长度　　D．数组 x 等价于数组 y

3．以下能正确定义数组并为数组正确赋初始值的选项是（　　）。

　A．int N=5,a[N][N];　　　　　　　B．int b[1][2]={{1},{2}};

　C．int c[2][]={{1,2},{3,4} };　　　　D．int d[3][2]={{1,2},{3,4}};

4．以下程序的运行结果是（　　）。

```
char ch[5]={'a', 'b', '\0', 'c', '\0'};
printf("%s", ch);
```

　A．a　　　　　　　B．b　　　　　　　C．ab　　　　　　D．abc

5．要判断字符串 s1 是否大于字符串 s2，应当使用语句（　　）。

　A．if (s1>s2)　　　　　　　　　B．if (strcmp(s1,s2))

　C．if (strcmp(s2,s1)>0)　　　　　D．if (strcmp(s1,s2)>0)

6．在 C 语言中引用数组元素时，其数组下标的数据是（　　）。

　A．整型常量　　　　　　　　　　B．整型表达式

　C．整型常量或常量表达式　　　　D．任何类型的表达式

二、程序阅读题

1．以下程序的运行结果是（　　）。

```
#include <stdio.h>
```

```
#include <string.h>
void main()
{
    char arr[2][4];
    strcpy(arr[0],"you");
    strcpy(arr[1],"me");
    arr[0][3]='&';
    printf("%s\n",arr);
}
```

2. 以下程序的运行结果是（　　　）。

```
#include <stdio.h>
#include <string.h>
    void main()
{
    char a[10]={'a','b','c','d','\0','f','g','h','\0'};
    int i,j;
    i=sizeof(a);
    j=strlen(a);
    printf("%d,%d\n",i,j);
}
```

3. 若通过键盘输入"AhaMA[空格]Aha<回车>"，则以下程序的运行结果是（　　　）。

```
#include <stdio.h>
void main()
{
    char s[80],c='a';
    int i=0;
    scanf("%s",s);
    while (s[i]!='\0')
    {
        if (s[i]==c) s[i]=s[i]-32;
        else if (s[i]==c-32) s[i]=s[i]+32;
        i++;
    }
    puts(s);
}
```

4. 若通过键盘输入 ABC，则以下程序的运行结果是（　　　）。

```
#include <stdio.h>
#include <string.h>
void main()
{
    char ss[10]="1,2,3,4,5";
    gets(ss);
    strcat(ss,"6789");
```

```
        printf("%s\n",ss);
}
```

5．以下程序的运行结果是（　　　）。

```
#include <stdio.h>
void main()
{
        int i,n[]={0,0,0,0,0};
        for (i=1;i<=4;i++)
        {
            n[i]=n[i-1]*2+1;
        printf("%d ",n[i]);
    }
}
```

三、填空题

1．以下程序的功能是求矩阵 a 与矩阵 b 的和，将结果存入矩阵 c，并以矩阵形式输出。请在_____内填入正确的内容。

```
#include<stdio.h>
void main()
{
        int a[3][4]={{3,-2,7,5},{1,0,4,-3},{6,8,0,2}};
        int b[3][4]={{-2,0,1,4},{5,-1,7,6},{6,8,0,2}};
        int i,j,c[3][4];
        for (i=0;i<3;i++)
            for (j=0;j<4;j++)
                c[i][j]=_____;
        for (i=0;i<3;i++)
        {
            for (j=0;j<4;j++)
            printf("%3d",c[i][j]);
            _____;
        }
}
```

2．以下程序的功能是通过键盘输入若干个学生的成绩，计算出平均成绩，并输出低于平均成绩的学生成绩，当输入负数时输出统计结果。请在_____内填入正确的内容。

```
void main(   )
{
    float  x[1000],   sum=0.0,  ave,  a;
    int    n=0, i;
    printf("Enter mark: \n"); scanf("%f",&a);
    while(a>=0.0&& n<1000)
    {
        sum+ _____;
```

```
        x[n]= _____;
        n++;
        scanf("%f",&a);
    }
    ave= _____;
    printf("Output: \n");
    printf("ave=%f\n",ave);
    for (i=0;i<n;i++)
    if _____ printf ("%f\n",x[i]);
}
```

四、编程题

输入字符串 str1 和字符串 str2，将字符串 str2 倒置后连接到字符串 str1 的后面。

例如：

```
str1="How do ", str2="?od uoy"
```

程序的运行结果为：

```
"How do you do?"
```

7.6 习题答案

一、选择题

1．D　2．B　3．D　4．C　5．D　6．C

二、程序阅读题

1．you&me

2．10,4

3．ahAMa

4．ABC6789

5．1 3 7 15

三、填空题

1．a[i][j]+b[i][j]　putchar('\n')

2．=a　a　sum/n　x[i]<ave

四、编程题

先将字符串 str2 反过来，并连接到字符串 str1 的后面，再将其输出。

代码如下：

```c
#include <stdlib.h>
#include <stdio.h>
#include <conio.h>
#define N 40
void fun(char *str1,char *str2)
{
    int i=0,j=0,k=0,n;
    char ch;
    char *p1=str1;
    char *p2=str2;
    while(*(p1+i))
        i++;
    while(*(p2+j))
        j++;
    n=j--;
    for(;k<=j/2;k++,j--)
    {
        ch=*(p2+k);
        *(p2+k)=*(p2+j);
        *(p2+j)=ch;
    }
    *(p2+n)='\0';
    for(;*p2;i++)
        *(p1+i)=*p2++;
    *(p1+i)='\0';
}


void main()
{
    char str1[N],str2[N];
    system("CLS");
    printf("***Input the string str1 & str2***\n");
    printf("\nstr1: ");
    gets(str1);
    printf("\nstr2: ");
    gets(str2);
    printf("*** The string str1 & str2 ***\n");
    puts(str1);
    puts(str2);
    fun(str1,str2);
    printf("*** The new string ***\n");
    puts(str1);
}
```

模块 8

函数（1）

8.1 实验目的

（1）掌握 C 语言中无参函数和有参函数的定义和调用规则，正确定义形参与实参。

（2）理解参数传递的过程。

（3）掌握 C 语言中函数的声明及函数的递归调用。

8.2 实验准备

（1）复习函数的概念、定义格式、声明格式、调用规则及调用过程中数据的传递方法。

（2）复习全局变量和局部变量的定义，以及动态变量和静态变量的定义。

8.3 实验内容

8.3.1 基础训练

训练：C 语言中无参函数和有参函数的定义和调用规则，以及形参与实参的定义。

以下程序的功能是通过键盘输入若干个数据，将其按照升序排列。调试并检查程序中的错误，记录系统给出的错误提示，并指出出错的原因。

源程序代码如下：

```
#include<stdio.h>
void  main()
{
    void  sort(int x[],int  n);
    int i,k;
    float  s[10],j;
```

```
    printf("请输入数:\n");
    for(i=0;scanf("%f",&j);i++)
    s[i]=j;
    sort(s[10],10);
    for(k=0;k<i;k++)
    printf("%f",s[k]);
    printf("\n");
}

void sort(int x[ ],int n)
{
    int i,j,temp,min;
    for(i=0;i<n-1;i++)
    {
        min=i;
        for(j=i+1;j<n;j++)
            if(x[j]<x[min]) min=j;
        if(min!=i)
        {
            temp=x[i];
            x[i]=x[min];
            x[min]=temp;
        }
    }
}
```

错误提示：形参和实参的数据类型不一致；一般形参数组在说明时不指定长度，而仅给出类型、数组名和一对中括号；没有声明过用户自定义函数 sort。应注意语句 for(i=0;scanf("%f",&j);i++)中的第二个表达式的使用形式，此处通过输出 scanf 函数来结束循环。请读者查阅相关资料，看看什么时候 scanf 函数的返回值为 0，此时，就可以结束循环了。

正确的程序代码如下：

```
#include <stdio.h>
void main()
{
    void sort(int x[],int n);
    int i,k;
    int s[10],j;
    printf("请输入数:\n");
    for(i=0;scanf("%d",&j);i++)
        s[i]=j;
    sort(s,10);
    for(k=0;k<i;k++)
        printf("%d\n",s[k]);
    printf("\n");
```

```
    }

void sort(int x[],int n)
{
    int i,j,temp,min;
    for(i=0;i<n-1;i++)
    {
        min=i;
        for(j=i+1;j<n;j++)
            if(x[j]<x[min])
                min=j;
            if(min!=i)
            {
                temp=x[i];
                x[i]=x[min];
                x[min]=temp;
            }
    }
}
```

8.3.2 进阶训练

进阶 1：在函数调用过程中形参与实参的关系

调试以下程序，注意在函数调用过程中形参与实参的关系。

代码如下：

```
#include "stdio.h"
void main()
{
    void fun(int i,int j,int k);
    int x,y,z;
    x=y=z=6;
    fun(x,y,z);
    printf("x=%d;y=%d;z=%d\n",x,y,z);
}

void fun(int i,int j,int k)
{
    int t;
    t=(i+j+k)*2;
    printf("t=%d\n",t);
}
```

📖 **分析：**

因为形参只有在调用函数时才会分配内存，调用函数结束后，会立刻释放内存，所以形参只在函数内部有效，不能在函数外部使用。实参可以是常量、变量、表达式、函数等。因为无论为何种数据类型，在进行函数调用时，实参都必须有确定的值，以便把这些值传送给形参，所以应该提前用赋值、输入等方法使实参获得确定的值。实参和形参在数量、数据类型、顺序上必须严格一致，否则会产生"类型不匹配"的错误。当然，如果能够自动转换数据类型，或强制转换数据类型，那么实参的数据类型也可以不同于形参的数据类型。在函数调用过程中发生的数据传递是单向的，只能把实参的值传递给形参，而不能把形参的值反向地传递给实参。换句话说，一旦完成参数的传递，实参和形参就再也没有关系了。因此，在函数调用过程中，形参的值发生改变并不会影响实参。

进阶 2：函数返回值的应用

以下程序的功能是判断输入的整数是否为素数。

代码如下：

```c
#include <stdio.h>

int prime(int n)
{
    int is_prime = 1, i;

    //n 的值一旦小于 0 就不符合条件了，也就没必要执行后面的代码了，此时提前结束函数的调用
    if(n < 0){ return -1; }

    for(i=2; i<n; i++){
        if(n % i == 0){
            is_prime = 0;
            break;
        }
    }

    return is_prime;
}

int main()
{
    int num, is_prime;
    scanf("%d", &num);

    is_prime = prime(num);
    if(is_prime < 0){
        printf("%d is a illegal number.\n", num);
    }else if(is_prime > 0){
        printf("%d is a prime number.\n", num);
    }else{
        printf("%d is not a prime number.\n", num);
```

```
    }

    return 0;
}
```

分析：

prime 函数是一个用来求素数的函数。素数是自然数，它的值大于或等于 0，一旦传递给 prime 函数的值小于 0 就没有意义了，也就无法判断是否为素数了。因此，一旦检测到 n 的值小于 0，就应使用 return 语句提前结束函数的调用。

8.3.3 深入思考

思考 1：变量作用域的应用

阅读以下程序，上机验证并写出变量的作用域。

代码如下：

```c
#include <stdio.h>

//定义 3 个全局变量，分别表示 3 个面的面积
int s1 = 0, s2 = 0, s3 = 0;

int vs(int length, int width, int height)
{
    int v;  //定义体积
    v = length * width * height;
    s1 = length * width;
    s2 = width * height;
    s3 = length * height;
    return v;
}

int main()
{
    int v = 0;
    v = vs(15, 20, 30);
    printf("v=%d, s1=%d, s2=%d, s3=%d\n", v, s1, s2, s3);
    v = vs(5, 17, 8);
    printf("v=%d, s1=%d, s2=%d, s3=%d\n", v, s1, s2, s3);

    return 0;
}
```

分析：

根据题意可知，要借助一个函数得到 4 份数据：体积 v，以及三个面的面积 s1、s2、

s3。遗憾的是，由于 C 语言中的函数只能有一个返回值，因此只能将其中的一份数据（也就是体积 v）放到返回值中，其他 3 份数据（也就是面积 s1、s2、s3）只能保存到全局变量中。

从前往后依次执行代码，在使用变量之前必须定义或声明变量，因为全局变量 s1、s2、s3 被定义在程序开头，所以其在 vs 函数和 main 函数中都有效。在 vs 函数中将求得的面积放到全局变量 s1、s2、s3 中，在 main 函数中能够顺利取得它们的值。这说明在函数内部修改全局变量的值会影响其他函数，全局变量的值在函数内部被修改后，并不会自动恢复，而会一直保留，直到下次被修改。全局变量也是变量，变量只能保存一份数据，一旦数据被修改了，原来的数据就被冲刷掉了，也就无法恢复了。因此，不管是全局变量还是局部变量，一旦值被修改，这种影响都会一直持续下去，直到再次被修改。

在所有函数外部定义的变量被称为全局变量，其作用域为从整个程序的开头到结尾；在函数内部定义的变量或在函数开头定义的形参被称为局部变量，其作用域为所定义的函数的全部范围，局部变量具有"用之则建，用完则撤"的特点。在不同函数内部定义的变量同名互不干扰。如果一个程序中的局部变量和全局变量同名，那么优先使用局部变量。

思考 2：静态局部变量的运用

阅读以下程序，观察静态局部变量在调用过程中的变化。

代码如下：

```c
#include <stdio.h>
void main(    )
{
    int    i ;
    int  f(int);
    for ( i = 1; i <= 5; i ++)
        printf( "(%d): % d\n", i,f(i));
    printf(" \n");
}

int  f( int  n)
{
    static  int   j = 1;
    j = j * n;
    return( j );
}
```

如果希望在函数调用结束后仍然保留函数中定义的局部变量的值，那么可以将该局部变量定义为静态局部变量（或称局部静态变量）。

静态局部变量具有以下特点。

（1）全局寿命：静态局部变量的数据存储在静态存储区的存储单元中，在函数调用结束后，它的值不会消失，直到整个程序执行结束，它的存储单元才会被收回。

（2）局部可见性：静态局部变量的作用域为定义它的函数内部，尽管静态局部变量的值在调用函数结束后不会消失，但其他函数仍然不能访问它，只有进入它所在的函数，它的值才可见。

（3）初始化：若在定义静态局部变量时有赋初始值，则赋初始值只在编译过程中进行，且只赋一次初始值；若没有赋初始值，则默认的初始值为 0（数值型）或空字符（字符型）。

8.4 章节要点

（1）函数的概念、定义的格式、声明的格式、调用规则，以及在调用函数时参数的传递方法。

（2）函数的嵌套调用和函数的递归调用。

（3）全局变量和局部变量的定义，以及动态变量和静态变量的定义。

8.5 课后习题

一、选择题

1. 以下函数的数据类型是（　　）。

```
fun(float x)
{
    printf("%f\n",x*x);
}
```

  A. 与参数 x 的数据类型相同　　　　B. 空字符

  C. 整型　　　　　　　　　　　　　D. 无法确定

2. 有以下函数调用语句：

```
    func((exp1, exp2), (exp3, exp4, exp5));
```

其中含有的实参个数和是（　　）。

  A. 1　　　　　B. 2　　　　　C. 4　　　　　D. 5

3. 若已定义的函数有返回值，则以下关于该函数调用的叙述中错误的是（　　）。

  A. 函数调用可以作为独立的语句存在

  B. 函数调用可以作为一个函数的实参存在

  C. 函数调用可以出现在表达式中

  D. 函数调用可以作为一个函数的形参存在

4. 以下叙述中不正确的是（　　）。

  A. 局部变量说明为静态的存储类别，其生存期将得到延长

  B. 全局变量说明为静态的存储类别，其作用域将被扩大

C．任何存储类别的变量在未被赋初始值时，其值都是不确定的

D．形参可以使用的存储类别说明符与局部变量完全相同

5．在一个文件中定义的外部变量的作用域为（　　　）。

A．本文件的全部范围

B．本程序的全部范围

C．本函数的全部范围

D．从定义该变量的位置开始至本文件结束

6．C语言中形参的默认存储类别是（　　　）。

A．自动　　　　　　B．静态　　　　　　C．寄存器　　　　D．外部

7．C语言中函数返回值的类型由（　　　）决定。

A．return 语句中的表达式类型　　　　B．调用函数时的主调函数类型

C．调用函数时的临时类型　　　　　　D．定义函数时指定的函数类型

8．以下叙述中不正确的是（　　　）。

A．在C语言中调用函数时，只能把实参的值传送给形参，不能把形参的值传送给实参

B．在C语言的函数中，最好使用全局变量

C．在C语言中，形参只局限于所在函数

D．在C语言中，函数名的存储类别为外部

9．在C语言中（　　　）。

A．函数的定义可以嵌套，但函数的调用不可以嵌套

B．函数的定义和调用均可以嵌套

C．函数的定义和调用均不可以嵌套

D．函数的定义不可以嵌套，但函数的调用可以嵌套

10．以下叙述中正确的是（　　　）。

A．用#include 包含的头文件的后缀不可以是.a

B．若一些程序包含某个头文件，则当该头文件有错时，只需对该头文件进行修改，不必对包含该头文件的所有程序重新进行编译

C．宏命令行可以看成一行C语言

D．C语言程序编译中的预处理是在编译之前进行的

11．若有以下程序：

```
#define N 2
#define M N+1
#define NUM (M+1)*M/2
#include <stdio.h>
void main()
{
    int i;
```

```
    for (i=1;i<=NUM;i++);
    printf("%d\n",i);
}
```

则 for 语句循环执行的次数是（   ）。

    A．3   B．6   C．8   D．9

12．以下对宏定义的描述中不正确的是（   ）。

    A．宏不存在类型问题，宏名无类型，它的参数也无类型

    B．在进行宏替换时不占用运行时间

    C．在进行宏替换时先求出实参表达式的值，再代入形参运算求值

    D．实际上宏替换只不过是字符替代而已

13．以下选项中不会引起二义性的宏定义是（   ）。

    A．#define POWER(x)   x*x   B．#define POWER(x) (x)*(x)

    C．#define POWER(x) (x*x)   D．#define POWER(x) ((x)*(x))

14．若有以下宏定义：

```
#define N 3
#define Y(n) ((N+1)*n)
```

则执行语句 z=2*(N+Y(5+1));后，变量 z 的值为（   ）。

    A．出错   B．42   C．48   D．54

二、程序阅读题

1．以下程序的运行结果是（   ）。

```
#include <stdio.h>
int sub(int x)
{
    int y=0;
    static int z=0;
    y+=x++,z++;
    printf("%d,%d,%d,",x,y,z);
    return y;
}
void main()
{
    int i;
    for (i=0;i<3;i++)
        printf("%d\n",sub(i));
}
```

2．以下程序的运行结果是（   ）。

```
#include <stdio.h>
int x=1,y=2;
void sub(int y)
```

```
{
    x++;
    y++;
}
void main()
{
    int x=2;
    sub(x);
    printf("x+y=%d",x+y);
}
```

三、填空题

亲密数对的定义为：若正整数 a 的所有因子（不包括 a）和为 b，b 的所有因子（不包括 b）和为 a，且 $a!=b$，则称 a 和 b 为亲密数对。

以下程序的功能是寻找并输出 2000 以内的亲密数对。请在____内填入正确的内容。

代码如下：

```
#include <stdio.h>
int factorsum(int x)
{
    int i,y=0;
    for (i=1;_____;i++)
        if (x%i==0) y+=i;
    return y;
}
void main()
{
    int i,j;
    for (i=2;i<=2000;i++)
    {
        j=factorsum(i);
        if ( _____ )
            printf("%d,%d\n",i,j);
    }
}
```

程序的运行结果为：

```
220, 284
1184, 1210
```

四、编程题

1. 编写函数 int fun(int a)的程序。它的功能是：判断 a 的值是否为素数。若 a 的值为素数，则返回 1；若 a 的值不为素数，则返回 0。a 的值由 main 函数通过键盘输入。

2．编写函数 jsValue(int t)的程序。它的功能是：求 Fibonacci 数列中大于 t 的最小数，结果通过函数返回。

3．编写函数 jsValue(int t)的程序。它的功能是：在 100～999 中寻找符合条件的整数并依次将其从小到大存入数组。要求它是完全平方数，且其中的两位数相同，如 144、676，结果通过函数返回。

4．编写函数 change(int x,int r)的程序。它的功能是：将十进制整数 x 转换成 r(1<r<10)进制后输出。

5．用函数实现：将 max 函数保存到另一个程序文件 func.h 中；用带参数的宏实现：从 3 个数中找到最大值。

8.6 习题答案

一、选择题

1．C　　2．B　　3．D　　4．A　　5．D　　6．A　　7．D　　8．B　　9．D
10．D　　11．C　　12．C　　13．D　　14．C

二、程序阅读题

1．1,0,1,0
　　2,1,2,1
　　3,2,3,2
2．x+y=4

三、填空题

i<x　　i==factorsum(j) && i<j

四、编程题

1．代码如下：

```
int fun(int a)
{
int i;
if(a==2)return 1;
i=2;
while ((a%i)!=0 && i<=sqrt((float) a)) i++;
if ((a%i)==0)
```

```
        return 0;
return 1;
}
```

2. 代码如下：

```
int jsValue(int t)
{
int f0=0,f1=1,fn;
    fn=f0+f1;
    while(fn<=t)
    {
        f0=f1;
        f1=fn;
        fn=f0+f1;
    }
  return fn;
}
```

3. 代码如下：

```
int jsValue(int bb[])
{
int I,j,k=0;
    int hun,ten,data;
    for(I=100;I<=999;I++)
    {
        j=10;
        while(j*j<=I)
        {
            if(I==j*j)
            { hun=I/100; data=I%100/10; ten=I%10;
                if(hun==ten||hun==data||ten==data) bb[k++]=I;
            }
            j++;
        }
    }
  return k;
}
```

4. 代码如下：

```
void change(int x,int r)
{
    int c;
    c=x%r;
    if (x/r!=0) change(x/r,r);
    printf("%d",c);
}
```

5.

（1）用函数实现。

func.h 文件的代码如下：

```
int max(int x,int y)
{
    return (x>y?x: y);
}
```

主程序的代码如下：

```
#include <stdio.h>
#include "func.h"
void main()
{
int a,b,c,t;
    printf("请输入3个整数: ");
    scanf("%d%d%d",&a,&b,&c);
    t=max(max(a,b),c);
    printf("3个整数中最大的为: %d\n",t);
}
```

（2）用带参数的宏实现。

代码如下：

```
#include <stdio.h>
#define MAX(a,b) ((a)>(b)?(a): (b))
void main()
{
int a,b,c,t;
    printf("请输入3个整数: ");
    scanf("%d%d%d",&a,&b,&c);
    t=MAX(MAX(a,b),c);
    printf("3个整数中最大的为: %d\n",t);
}
```

函数（2）

9.1 实验目的

（1）理解参数传递的过程。

（2）掌握 C 语言中函数的声明及函数的递归调用。

（3）能够对函数中各种类型的变量进行灵活运用，从而解决实际问题。

9.2 实验准备

（1）复习函数的嵌套调用和函数的递归调用。

（2）复习函数指针的定义和回调。

9.3 实验内容

9.3.1 基础训练

训练 1：函数的递归调用

下面以 5!为例分析函数的递归调用。

求 5!，即调用 factorial(5)。递归进入如表 9.1 所示。当进入函数后，因为形参 n 为 5，不等于 0 或 1，所以执行 factorial(n-1) * n，即执行 factorial(4) * 5。为了求得这个表达式的值，必须先调用 factorial(4)，并暂停其他操作。换句话说，在得到 factorial(4)的值之前，不能进行其他操作，这就是第一次递归调用。在调用 factorial(4)时，实参为 4，形参 n 也为 4，不等于 0 或 1，会继续执行 factorial(n-1) * n，即执行 factorial(3) * 4。为了求得这个表达式的值，必须先调用 factorial(3)，这就是第二次递归调用。以此类推，进行 4 次递归调用后，实参为 1，会调用 factorial(1)。此时，能够直接得到常量 1 的值，并把该值返回，不需要再次调用 factorial 函数了，递归结束。

表 9.1　递归进入

层次/层数	实参/形参	调用形式	需要计算的表达式	需要等待的结果
1	n=5	factorial(5)	factorial(4) * 5	factorial(4) 的结果
2	n=4	factorial(4)	factorial(3) * 4	factorial(3) 的结果
3	n=3	factorial(3)	factorial(2) * 3	factorial(2) 的结果
4	n=2	factorial(2)	factorial(1) * 2	factorial(1) 的结果
5	n=1	factorial(1)	1	无

当递归进入最内层时，递归结束，开始逐层退出，也就是逐层执行 return 语句。递归退出如表 9.2 所示。当 n 的值为 1 时，到达最内层，此时返回值为 1，即 factorial(1) 的调用结果为 1。有了 factorial(1) 的调用结果，就可以返回上一层计算 factorial(1) * 2 的值了。此时，得到的值为 2，返回值为 2，即 factorial(2) 的调用结果为 2。以此类推，当得到 factorial(4) 的调用结果后，就可以返回最外层了。经计算可知，factorial(4) 的调用结果为 24，factorial(4) * 5 的调用结果为 120，此时返回值为 120，即 factorial(5) 的调用结果为 120，这样就得到 5! 的值了。

表 9.2　递归退出

层次/层数	调用形式	需要计算的表达式	从内层递归得到的结果 （内层函数的返回值）	表达式的值 （当次调用的结果）
5	factorial(1)	1	无	1
4	factorial(2)	factorial(1) * 2	factorial(1) 的返回值，也就是 1	2
3	factorial(3)	factorial(2) * 3	factorial(2) 的返回值，也就是 2	6
2	factorial(4)	factorial(3) * 4	factorial(3) 的返回值，也就是 6	24
1	factorial(5)	factorial(4) * 5	factorial(4) 的返回值，也就是 24	120

函数的递归调用的方式有两种：直接递归调用和间接递归调用。本训练采用的是直接递归调用，直接递归调用通常是把一个规模较大的复杂问题转换为一个与原问题相似的规模较小的问题来求解的，采用递归方式只需少量的程序就可以描述解题过程中需要的多次重复的计算，实现比较简洁的程序。

训练 2：函数的非递归调用

计算 a^n。

代码如下：

```
#include<stdio.h>
void main()
{
    float a,b;
    int n;
    float power(float a,int n);
    scanf("%f,%d",&a,&n);
```

```
        b=power(a,n);
        printf("8.2f",b);
}
float power(float a,int n)
{
    int i;
    float t=1;
    for(i=1;i<=n;i++)
        t=t*a;
    return t;
}
```

分析：

先通过键盘输入 a 和 n，再调用 power 函数进行乘方运算，最后将运算结果显示出来。

9.3.2 进阶训练

进阶：采用递归方式计算 $n!$。

代码如下：

```
long fac(int n)
{
    long f;
    if(n==0)
        f=1;
    else
        f=n*fac(n-1);
return f;
}
 void main()
{
long y;
    int n;
    scanf("%d",&n);
    y=fac(n);
    printf("%d!=%ld",n,y);
}
```

分析：

$n!$ 本身就是以递归方式定义的：

$$n = \begin{cases} 1 & n = 0 \\ n(n-1)! & n > 0 \end{cases}$$

要求 $n!$，应先求 $(n-1)!$；要求 $(n-1)!$，应先求 $(n-2)!$；要求 $(n-2)!$，应先求 $(n-3)!$，如此继续，直到最后变成求 0!的问题。根据公式可知，0!=1，依次求出 1!,2!,…,n!。

假设求 n!的函数为 fac(n)，要在函数体中求 n!，可以使用 n*fac(n-1)求得，需要再次调用 fac 函数。

9.3.3　深入思考

思考 1：采用递归方式实现汉诺塔游戏

汉诺塔游戏的规则是：假设有 3 根柱子分别为 a、b、c，排列顺序为 a、b、c，在 a 上套着从大到小的 *n* 个圈。汉诺塔游戏的目的是把 a 上的所有圈移动到 c 上，把 b 放在中间作为过渡。每次只能移动一个圈，并且每次移动时都要求大圈不能压在小圈上。

void hanoi(int n,int a,int b,int c)函数的代码如下：

```
void hanoi(int n,int a,int b,int c)
{
    if( n==1)
        printf("%d->%d",a,c);
    else
    {
        hanoi(n-1,a,c,b);
        printf("%d->%d",a,c);
        hanoi(n-1,b,a,c);
    }
}
```

main 函数的代码如下：

```
void main()
{
    int n;
    printf("input n:");
    scanf("%d",&n);
    hanoi(n,1,2,3);
}
```

分析：

移动柱子的过程很烦琐。假设 n=64，通过计算可知，64 个圈至少需要移动 $2^{64}-1$ 次。要编写这样的程序似乎无从着手，可以采用递归方式来分析。

递归出口条件：n=1，直接把圈从 a 移动到 c。

递归分析：要将 n 个圈从 a 移动到 c，必须先将 n-1 个圈从 a 经过 c 移动到 b，移动 n-1 个圈的方法与其相同，但规模变小，即向出口条件转移。此问题可以采用递归方式来完成。递归过程如下。

（1）将 n-1 个圈从 a 经过 c 移动到 b。

（2）将第 n 个圈移动到 c。

（3）再将 n-1 个圈从 b 经过 a 移动到 c。

假设移动 n 个圈的函数原型为：void hanoi(int n,int a,int b,int c)。

写出移动 n 个圈的函数。

当 n>1 时，递归调用 hanoi 函数，每次 n 减 1，如此往复，当 n=1 时，直接移动该圈。

思考 2：回调函数的应用

回调函数就是一个通过函数指针调用的函数。如果把函数指针作为参数传递给另一个函数，当这个函数指针被用来调用其指向的函数时，就可以说这个指向的函数是回调函数。回调函数不是由该函数的实现方直接调用的，而是在特定的事件或条件发生时由另一方调用的，用于对该事件或条件进行响应。

代码如下：

```
typedef int(*Func)(int a,int b);
int mCallBackFunc(Func func,int a,int b)
{
    return func(a,b);
}
#include<stdio.h>
int add(int a,int b)
{
    return a+b;
}
int subtract(int a,int b)
{
    return a-b;
}
int main()
{
    int a=3,b=2;
    int c = mCallBackFunc(add,a,b);        //回调
    int d = mCallBackFunc(subtract,a,b);   //回调
    printf("%d,%d",c,d);
}
```

分析：

常用的定义回调函数的方式为使用关键字 typedef，以上代码相当于自定义了一种类型，类型名叫作 Func，它代表一个函数指针，此时第三方开发者可以自定义函数功能，并在调用 Func 时回调自定义的函数功能。

9.4 章节要点

（1）函数的调用规则。

（2）在调用函数时参数的传递方法。

（3）函数的递归调用的方法。

9.5 课后习题

一、选择题

1．以下叙述中错误的是（ ）。

A．主函数中定义的变量在整个程序中都是有效的

B．其他函数中定义的变量不能在主函数中使用

C．形参也是局部变量

D．复合语句中定义的变量只在该复合语句中有效

2．若函数的形参为一维数组，则以下说法中正确的是（ ）。

A．调用函数时的对应实参必为数组名

B．可以不指定形参数组的大小

C．形参数组的元素个数必须等于实参数组的元素个数

D．形参数组的元素个数必须多于实参数组的元素个数

3．在定义函数时若没有指出函数的数据类型，则（ ）。

A．系统默认函数的数据类型为整型

B．系统默认函数的数据类型为字符型

C．系统默认函数的数据类型为实型

D．在编译时会出错

4．以下叙述中正确的是（ ）。

A．对于用户自定义的函数，在使用前必须加以说明

B．在说明函数时必须明确其参数类型和返回值类型

C．函数可以返回一个值，也可以什么值都不返回

D．空函数不完成任何操作，在程序设计中没有用处

5．以下函数定义中正确的是（ ）。

A．double fun(int x,int y)   B．double fun(int x;int y)

C．double fun(int x,int y);   D．double fun(int x,y);

二、程序阅读题

1．以下程序的运行结果是（ ）。

```
#include <stdio.h>
void generate(char x,char y)
```

```
{
    if (x==y) putchar(y);
    else
    {
        putchar(x);
        generate(x+1,y);
        putchar(x);
    }
}
void main()
{
    char i,j;
    for (i='1';i<'6';i++)
    {
        for (j=1;j<60-i;j++)
            putchar(' ');
        generate('1',i);
        putchar('\n');
    }
}
```

2. 若通过键盘输入 21 和 15，则以下程序的运行结果是（   ）。

```
#include<stdio.h>
 int divisor(int a ,int b)
 {
    int r;
    do
    {
        r=a%b;
        a=b;
        b=r;
    }while (r!=0);
  Return a;
}
void main()
{
    int a,b,d;
    scanf("%d,%d",&a,&b);
    if(a>b)
        d=divisor(a,b);
    else
        d=divisor(b,a);
    printf("a=%d,b=%d\n",a,b);
    printf("d=%d",d);
}
```

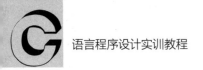

三、填空题

输入一个大于 5 的奇数，验证哥德巴赫猜想：任何大于 5 的奇数都可以被表示为 3 个素数之和（但不唯一），输出被验证数各种可能的和。请在____内填入正确的内容。

```c
#include <stdio.h>
int prime(int x)
{
    int y=1,i=2;
    while(i<x&&y)
    {
        if (_____) y=0;
        i++;
    }
    return y;
}
void main()
{
    int m,i,j;
    printf("请输入一个大于 5 的奇数: ");
    scanf("%d",&m);
    if (_____)
    {
        for (i=2;i<=m;i++)
            if (prime(i))
                for (j=i;j<=m-i-j;j++)
                    if ( _____)
                        printf("%d=%d+%d+%d\n",m,i,j,m-i-j);
    }
    else printf("输入错误! ");
}
```

四、编程题

输入一个表示正整数的字符串，将该字符串转换成对应的数。例如，输入由 4 个字符组成的字符串"5678"，将它转成整数 5678。

9.6 习题答案

一、选择题

1．A   2．B   3．A   4．C   5．A

二、程序阅读题

1.   1
             121
           12321
         1234321
       123454321

2. a=21,b=15
    d=3

三、填空题

x%i==0   m>5 && m%2!=0   prime(j) && prime(m−i−j)

四、编程题

代码如下：

```c
int cton()
{
    char ch;
    int n=0,f=0,n1=0;
    while ((ch=getchar())<='0' || ch>='9')
    {
        n1++;
        if (n1>=10)
        {
            printf("data is wrong!");
            return 0;
        }
        do
        {
            n=n*10+ch-'0';
        }while ((ch=getchar())>='0' &&ch<='9');
        return n;
    }
}
```

模块10

指　针

10.1　实验目的

（1）掌握指针的基本概念及使用方法。
（2）对比理解指针与指针变量。
（3）掌握使用指针访问数组、字符串的方法。
（4）掌握将指针、数组名作为函数参数的方法。
（5）掌握指针数组和指向指针的指针变量的定义及使用方法。

10.2　实验准备

（1）复习指针变量的定义、赋值和操作（存储单元的引用、指针的移动、指针的比较）。
（2）复习取地址运算符和取内容运算符的功能。
（3）复习数组元素的多种表示方法。

10.3　实验内容

10.3.1　基础训练

训练1：普通变量与指针变量的区别

本训练主要练习普通变量与指针变量的区别。普通变量所占内存大小根据编译环境类型的不同来决定，如在 32 位编译环境下，短整型（short）变量占 2 字节存储单元，并且在 2 字节存储单元中保存一个整数，作为该变量的值；指针变量指向字符型变量、整型变量、单精度型变量、双精度型变量，均只占 4 字节存储单元，并且在 4 字节存储单元中保存对应变量的首地址。

代码如下：

```
#include "stdio.h"
#include "stdlib.h"
int main()
{
    int num_int=12,*p_int;              /*定义指向整型变量 p_int*/
    float num_f=3.14,*p_f;              /*定义指向单精度型变量 p_f*/
    char num_ch='p',*p_ch;              /*定义指向字符型变量 p_ch*/
    p_int=&num_int;                     /*取变量 num_int 的地址，赋值给 p_int*/
    p_f=&num_f;                         /*取变量 num_f 的地址，赋值给 p_f*/
    p_ch=&num_ch;                       /*取变量 num_ch 的地址，赋值给 p_ch*/
    printf("num_int=%d,*p_int=%d\n",num_int,*p_int);
    printf("num_f=%4.2f,*p_f=%4.2f\n",num_f,*p_f);
    printf("num_ch=%c,*p_ch=%c\n",num_ch,*p_ch);
    printf("%x,%x,%x\n",p_int,p_f,p_ch);
    printf("%d,%d,%d\n",sizeof(p_int),sizeof(p_ch),sizeof(p_f));
    system("pause");
return 0;
}
```

运行结果如图 10.1 所示。

图 10.1　训练 1 的运行结果

📖 **分析：**

从第 11～13 行代码的运行结果中可以看出，一旦指针变量指向某一变量地址，就可以通过变量名访问该变量的值，也可以通过指针变量来访问该变量的值。从第 14 行代码的运行结果中可以看出，3 个变量分配的存储单元首地址各不相同。从第 15 行代码的运行结果中可以看出，3 个指针变量虽然分别指向不同类型的变量地址，但对指针变量本身而言，其所占存储单元的大小都是相同的。

值得注意的是，"*"为间接运算符，"&"为取地址运算符，sizeof(a)表示求参数 a 所占存储单元的大小。

（1）&*p_int：若*p_int 是变量 num_int，则&*p_int 是&num_int，即指针变量 p_int；

（2）*&num_int：若&num_int 是指针变量 p_int，则*&num_int 是*p_int，即变量 num_int；

（3）num_int = p_int：不合规，这是因为不可以将指针直接赋值给变量；

（4）p_int=&num_ch：不合规，这是因为指针变量 p_int 指向整型变量，而变量 num_ch 是字符型变量。

训练 2：一维数组与指针

本训练主要练习使指针指向数组的方法、用指针表示数组元素的方法、数组元素的多种表示方法。

例如：

```
int a[10], *p;
p=a;
```

a 是数组名，代表数组的首地址，也是数组首个元素的地址，即 p=a 与 p=&a[0]等价。

若指针变量 p 已经指向数组首个元素，则指针变量 p+1 使得指针变量 p 指向同一个数组中的下一个元素，若一个整型数组元素占 4 字节，则意味着指针变量 p+1 代表 p+1×4，即 a[1]的地址；指针变量 p+2 代表 p+2×4，即 a[2]的地址。因此，指针变量 p+i 代表 a[i]的地址，*(p+i)代表 a[i]。

代码如下：

```
#include "stdio.h"
#include "stdlib.h"
int main()
{
    int i,a[]={1,2,3},*p;
    p=a;
    for(i=0;i<3;i++){
        printf("%d,%d\n",&a[i],p+i);
        printf("%d,%d,%d,%d\n",a[i],p[i],*(p+i),*(a+i));
    }
    system("pause");
    return 0;
}
```

运行结果如图 10.2 所示。

图 10.2　训练 2 的运行结果

分析：

从第 8 行代码的运行结果中可以看出，指针变量 p+i 对应数组 a[i]的地址，并且数组是按每个元素都占 4 字节存储单元连续存储的；从第 9 行代码的运行结果中可以看出，指针变量 p+i 指向存储单元的数值就是数组 a[i]中元素的值。

指针变量 p 的本质还是变量，其值是可以改变的，也就是说可以进行重新赋值，以及自增、自减运算，而数组名 a 则不行，这是因为其是地址常量。

指针变量 p 的取值最好不要超出数组的地址范围，否则会出现取值不确定的情况。例如，在训练 2 中如果执行语句 printf("%d,%d\n",p+3,*(p+3))，那么会发现输出结果为不确定的值。

10.3.2　进阶训练

进阶 1：二维数组与指针

二维数组可以看作每个元素都是一个一维数组的数组。例如：

```
int a[2][3]={{1,2,3},{4,5,6}}
```

a[2][3]是一个 2 行 3 列的二维数组，也可以说是两个一维数组，其中 a[0]和 a[1]分别表示第 1 行、第 2 行数组的首地址，也可以用*(a+0)和*(a+1)表示，*(a+0)+1 和*(a+1)+1 分别表示第 0 行和第 1 行的第 1 个元素的值，若要取值，则需经"*"运算，即计算*(*(a+0)+1)和*(*(a+1)+1)。

代码如下：

```
#include "stdio.h"
#include "stdlib.h"
void main()
{
    int i,j;
    int a[2][3]={{1,2,3},{4,5,6}},*p[2];
    for(i=0;i<2;i++){
        p[i]=a[i];
        for(j=0;j<3;j++){
            printf("%d,%d,%d,%d\n",
                a[i]+j,p[i]+j,*(p[i]+j),*(a[i]+j));
        }
    }
    system("pause");
    return 0;
}
```

运行结果如图 10.3 所示。

图 10.3　进阶 1 的运行结果

分析：

（1）数组 a[i][j]中元素的地址通常可以有多种表示形式：& a[i][j]、a[i]+j、*(a+i)+j；相应数组 a[i][j]中元素的值通常可以被表示为：a[i][j]、*(a[i]+j)、*(*(a+i)+j)。

（2）与进阶 1 相同，p 是指针变量，其值是可以改变的，也就是说可以对其进行重新赋值，以及自增、自减运算，而数组名 a 则不行，这是因为其是地址常量。指针变量 p 的取值最好不要超出数组的地址范围，否则会出现取值不确定的情况。

进阶 2：字符串与指针

C 语言中没有字符串变量，字符型变量只能存储单个字符，对字符串采取的方式是通过字符数组或指针两种方式来访问。例如，char str[ ]= "hello world"。进阶 2 将介绍用指针访问字符串的方法，注意字符数组与指针字符串之间的区别。

定义一个字符指针，指向字符串中的字符。

代码如下：

```c
#include "stdio.h"
#include "stdlib.h"
int main()
{
    char* str1="abc";
    char str2[]={'a','b','c'};
    printf("%s,%s\n",str1,str2);
    printf("%d,%d\n",sizeof(str1),sizeof(str2));
    system("pause");
    return 0;
}
```

运行结果如图 10.4 所示。

图 10.4　进阶 2 的运行结果

分析：

（1）从第 7 行代码的运行结果中可以看出，指针字符串 str1 所占存储单元的大小要比字符数组 str2 多一个，这是因为使用 C 语言在给指针字符串分配空间时，会在最后加上字符串结束符'\0'，其虽然在输出时看不见，但确实存在，而使用字符数组没有这一操作。

（2）当按%s 格式输出字符串并运行程序时，会按字符串入口地址逐一往后扫描输出，直至碰到字符串结束符'\0'结束，而由于字符数组中没有字符串结束符'\0'，因此会输出乱码，直至碰到字符串结束符'\0'结束。

进阶 3：用指针作为函数参数

在进阶 2 的基础上，进阶 3 主要练习用指针作为函数参数，要求将字符数组按相反的顺序存放。

代码如下：

```c
#include "stdio.h"
#include "stdlib.h"
void reverse(char* p){
    int i=0,j=0;
    char tmp;
    while(*(p+j)){      /*通过循环得到字符串长度*/
        j++;
    }
    while(--j>i){       /*交换前后字符*/
        tmp = *(p+j);
        *(p+j) = *(p+i);
        *(p+i) = tmp;
        i++;
    }
}
int main()
{
    char str1[100]={'\0'};
    printf("please input string:");
    scanf("%s",str1);
    printf("%s\n",str1);
    reverse(str1);
    printf("%s\n",str1);
    system("pause");
    return 0;
}
```

运行结果如图 10.5 所示。

图 10.5　进阶 3 的运行结果

分析：

（1）第 22 行代码将字符数组 str1 以参数的形式传递给 reverse 函数的形参 p，在函数中形参 p 代表字符数组 str1 的首地址。

（2）第 9～11 行代码通过指针位移方式修改对应地址单元的值，实际上就是修改对应数组元素的值，这也是通过指针实现形参与实参相互绑定的应用场景。

（3）对比用指针作为函数参数与用数组作为函数参数的区别。现将 reverse 函数修改为如下代码，上机测试程序的运行结果。

```c
void reverse2(char p[]){
    int i=0,j=0;
    char tmp;
    while(p[j]){ /*通过循环得到字符串的长度*/
        j++;
    }
    while(--j>i){ /*交换前后字符*/
        tmp = p[j];
        p[j] = p[i];
        p[i] = tmp;
        i++;
    }
}
```

（4）在实际应用过程中，要熟练掌握取内容运算与取地址运算的区别与联系。同时，也要注意数组指针位移代表的含义，尤其是二维数组和多维数组。

有定义：

```c
int a, *p;
```

① &*p。

② *&a。

③ (*p)++。

④ p++。

⑤ *++p。

⑥ ++*p。

以上混合运算的含义分别是什么？

10.3.3　深入思考

思考 1：使用指针实现冒泡排序

使用指针输入 $n(n \leqslant 10)$ 个数据至数组 a[10]中，利用冒泡排序使得数组 a[10]按从大到小的顺序排列并输出排序后的数组元素。

代码如下：

```c
#include <stdio.h>
#include <stdlib.h>
int  main( )
{
    int i,j,temp,n,a[10];
    int *p;
    p=a;
    printf("Enter n: ");
    scanf("%d",&n);
    printf("Enter a[n]: ");
    for(i=0;i<n;i++) scanf("%d",p+i);
    for(i=1;i<n-1;i++)
    {
        for(j=n-1;j>i-1;j--){
            if(*(p+j)>*(p+j-1)) {
                temp=*(p+j);*(p+j)=*(p+j-1);*(p+j-1)=temp;
            }
        }
    }
    for(i=0;i<n;i++) printf("a[%d]=%d; ",i,*(p+i));
    system("pause");
    return 0;
}
```

运行结果如图 10.6 所示。

图 10.6　思考 1 的运行结果

分析：

此问题是一个典型的指针灵活运用问题。

实现代码的关键点：

（1）用指针作为数组元素输入时，不需要用"&"。

（2）根据指针位移来交换数组元素的值，注意坐标的定位，不可越界。

（3）冒泡排序的内循环和外循环的次数：

① 外循环变量 i 代表交换多少轮，通常为 n-1 轮，即 i<n-1。

② 内循环变量 j 代表交换中的比较次数，通常从 1 到外循环变量，即 j=n-1，j>i-1。

③ 在完成元素的交换时，应灵活使用指针运算符。

思考 2：字符的统计

输入一段英文，统计其中英文字符、数字、空格和其他字符的数量。

代码如下：

```c
#include <stdio.h>
#include <stdlib.h>
void compute(char *p,int *q)
{
    int i;
    for(i=0; *(p+i)!='\0';i++)
    {
        if( *(p+i)>='A' && *(p+i)<='Z' || *(p+i)>='a' && *(p+i)<='z')
            (*(q+0))++;
        else if( *(p+i)>='0'&& *(p+i)<='9')
            (*(q+1))++;
        else if( *(p+i)==' ')
        ( *(q+2))++;
        else
        ( *(q+3))++;
    }
}
int  main( )
{
char name[4][9]={"英文字符","数字" ,"空格" ,"其他字符"}; /*表示 4 种字符的名称*/
    char str[ 1000];         /*存储输入的英文*/
    int num[4]= {0} ,i;      /*存储 4 种字符各自的数量，初始值是 0*/
    printf( "任意输入一段英文:");
    gets(str);
    compute(str, num);
    for(i=0;i<=3;i++){
        printf("%s 的数量是%d 个\n" ,name[i] ,num[i]);
    }
    system("pause");
    return 0;
}
```

运行结果如图 10.7 所示：

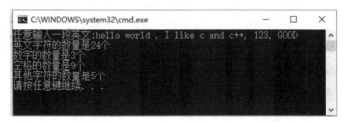

图 10.7　思考 2 的运行结果

📖 **分析：**

（1）定义一个一维字符数组来存储一段英文。

（2）在 main 函数中实现输入、调用、输出。

（3）字符数组与指针的关系是：若有语句 char str[1000]，则 str +i 等价于&str[i]，也就是数组中的第 i 个数组元素的地址，*(str+i) 等价于 str[i]，也就是数组中的第 i 个数组元素的值。

（4）因为输入的英文的长度不确定，所以也可以使用 malloc 函数实现程序中所需存储单元的立即划分。

思考 3：动手试一试

（1）有 n 个人围成一圈，顺序排号。从第一个人开始报数（从 1 到 3 报数），凡报到 3 的人退出圈子，求最后留下的是原来第几号的那个人。要求：用户自行输入 n 的值，必须用指针和自定义函数的方式实现。

（2）输入 10 个数存入一维数组，找出最大值和最大值所在的数组元素下标。要求：必须用指针和自定义函数的方式实现。

（3）任意输入一个正整数，将其转换为对应的二进制数并输出。要求：必须用指针和自定义函数的方式实现。

（4）完成一个字符串的复制。在 main 函数中输入任意字符串，并显示原字符串，调用 main 函数之后，输出复制后的字符串。要求：必须用指针和自定义函数的方式实现。

（5）任意输入 n 个字符，基于 ASCII 码，将其按照 $a\sim z$ 的顺序输出。要求：必须用指针和自定义函数的方式实现。

（6）任意输入一段英文，将其中的所有数字删除。要求：必须用指针和自定义函数的方式实现。

（7）输入一个班级中 30 个学生 7 门课程的成绩，计算每个学生的总分、平均分。要求：输入、计算、输出等功能必须用指针和自定义函数的方式实现。

（8）"指针就是地址"这种说法对吗？

（9）在 C 语言中，"*"可以表示乘号，也可以表示指针。请详细描述"*"表示指针时的具体用法及含义。

（10）在 C 语言程序设计过程中，在指针变量被定义后，没有初始化，也没有赋值（指针变量没有明确指向一个可用的内存空间），去引用该指针变量，把这种现象形象地称为"野指针"。由于"野指针"指向的位置是不可知的（随机的、不正确的、没有明确限制的），因此"野指针"的危害极大。那么怎样才能避免"野指针"呢？

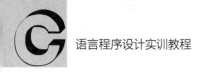

10.4 章节要点

1. 指针的基本概念

在 C 语言程序中定义变量后对程序编译时，会为变量分配存储单元。内存的每个单元都是有地址的。不同类型的变量可以被分配不同数量的存储单元，一般认为，第一个存储单元的地址就是该变量的地址。当程序想访问变量时，通常通过变量名先确定该变量的地址，再读取该地址存储单元中的值，这种按变量地址存取值的方式被称为直接访问。

例如，定义整型变量 a：

```
int a;
```

若在编译程序时给整型变量 a 分配的存储单元占 4 字节，其地址分别是 0x0001、0x0002、0x0003、0x0004，通常取首地址为变量的地址，则整型变量 a 的地址是 0x0001。

执行如下代码：

```
printf("%d",a);
```

C 语言的处理方式是将整型变量 a 的首地址 0x0001 作为起始地址，找到连续的 4 字节存储单元，读取其中的数值并输出。

C 语言定义了一种特殊的数据类型——指针，指针定义的变量用来存放其他变量的地址，这种通过指针找到变量入口地址，从而取得变量值的访问方式，被称为间接访问。

2. 指针变量的定义

指针变量的定义与一般变量的定义相比，变量名前多了"*"。其格式如下：

```
类型标识符 *指针变量名;
```

（1）类型标识符为指针变量的"基类型"，即表示该指针变量应存放何种类型的变量地址，指针变量的基类型必须与其指向的普通变量的类型相同，否则会使程序运行错误。

（2）与普通变量的定义相比，指针变量的定义除变量名前多了一个"*"外，其余均相同。注意，此处的"*"仅是一个类型标识符，用于标识其后的变量是指针变量，而非普通变量。

（3）例如，定义 int *p;表示定义了一个整型指针变量 p，此时该指针变量并未指向某个具体的变量（指针是悬空的）。使用悬空指针很容易破坏系统，导致系统瘫痪。

（4）无论什么类型，在 Microsoft Visual C++ 2010 学习版中已定义的指针变量都占用 4 字节的存储单元，用来存放地址。这与普通变量不一样，普通变量的类型不同，其占用存储单元的字节数是有差别的。

例如：定义指针变量指向变量 a：

```
int *p;
p = &a;
```

其中，"*"是一个类型标识符，用于说明 p 是指针变量，即用来存放地址的变量。类型名是指针变量 p 指向变量的类型。语句 p = &a 是将变量 a 的首地址赋给指针变量 p，即 p=0x0001。

注意，指针变量只能存放地址，且只能是相同类型变量的地址。

3．指针变量的赋值

与普通变量相同，在定义指针变量时可以为其赋值，这被称为初始化。当然也可以先定义，再使用赋值语句为其赋值。为指针变量赋值的一般形式为：

```
指针变量名=某个地址;
```

通常有以下几种方法为指针变量赋值。

方法一：指针变量名=&普通变量名。

方法二：指针变量名=另一个同类型并已被赋值的指针变量。

方法三：调用 malloc 函数或 calloc 函数，当使用完指针变量后调用 free 函数将其释放。

例如：

```
int *p;
```

以下两种写法均能实现为指针变量 p 动态分配 40 字节存储单元的功能。

```
p = (int *)malloc(10 * sizeof(int));
```

```
p = (int *)calloc(10, sizeof(int));
```

4．两个重要的指针运算符

（1）*（间接运算符，也称指针运算符，取内容运算符）：取出其后存储单元中的内容。

（2）&（取地址运算符）：取出其后变量的存储单元地址。

此处的取内容运算符在外形上与定义指针变量时的类型标识符一样，但是二者的含义完全不同，前者是指针运算符，后者只是一个类型标识符。

5．移动指针

移动指针就是对指针变量加上或减去一个整数，也可以通过赋值运算，使指针变量指向相邻的存储单元。只有当指针变量指向一串连续的存储单元（数组、字符串等）时，移动指针才有意义。

移动指针通过算术运算（加、减等）来实现，移动指针的字节数与指针变量的基础类型密不可分。例如，已定义 char *p1; int *p2;，进行 p1++; p2++;的运算后，指针变量 p1 中存放的地址自增 1 个存储单元，指针变量 p2 中存放的地址自增 4 个存储单元。

6．一维数组和指针

数组名是一个地址常量。使用指针对数组元素进行访问是基于数组元素顺序存放特性的。引用一维数组元素的两种方法为下标法和指针法。

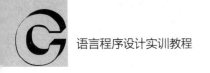

假设有以下定义：

```
int a[10], *p = a;
```

p 和 a 的相同点是：它们都是存放数组的首地址。

p 和 a 的不同点是：a 是地址常量，p 是指针变量。a 永远指向该数组的首地址，直到该数组的存储单元被系统收回。a 可以为 p 重新赋值指向其他存储单元。

7. 一维数组与函数参数

（1）用数组元素的值作为函数实参。

数组元素相当于一个个独立的普通变量，当用数组元素的值作为函数实参时，实现的是传值方式，即单向传递。在被调函数中，只能使用数组元素的初始值，不能修改数组元素的初始值。

（2）用数组元素的地址作为函数实参。

当用数组元素的地址作为函数实参时，实现的是传地址方式，即双向传递。在被调函数中，不仅能够使用数组元素的初始值，而且能够修改数组元素的初始值。

（3）用数组名作为函数实参。

当用数组名作为函数实参时，由于数组名本身就是一个地址，因此实现的是传地址方式，即双向传递，对应的形参必须是一个与数组类型相同的指针变量。在被调函数中，不仅能够使用数组元素的初始值，而且能够修改数组元素的初始值。

8. 二维数组和指针

通过地址引用二维数组元素，引用二维数组第 i 行第 j 列元素的几种表达式如下。

（1）a[i][j]。

（2）*(a[i]+j)。

（3）*(*(a+i)+j)。

（4）*(a+i)[j]。

（5）*(a[0]+4*i+j)。

（6）*(&a[0][0]+4*i+j)。

9. 指针数组引用二维数组元素

假设有如下定义：

```
int *p[3];
```

由于"[ ]"的优先级高于"*"的优先级，因此指针变量 p 首先与"[ ]"结合，构成 p[3]，说明是一个数组，p[3]再与 int *结合，表示该数组中每个元素的数据类型都是整型，将 int *p[3]称为指针数组，即它首先是一个数组，数组中的每个元素都是指针。

10. 行指针引用二维数组元素

若有定义 int (*q)[2];，则将 q 称为行指针。

由于在定义时添加了小括号，因此 q 首先与"*"结合，说明 q 是一个行指针，然后与[3]结合，说明行指针 q 的基类型是一个包含两个整型元素的数组。

11．行指针与二维数组的对应关系

若有定义 int (*q)[2], a[3][2];，则行指针 q 的基类型与二维数组 a[3][2]的基类型相同，q=a;是合规的赋值语句，表示行指针 q 指向了二维数组 a[3][2]的首地址，这时可以通过行指针 q 来引用二维数组 a[3][2]中的元素。注意，在以上定义中，必须保证行指针的元素个数与二维数组的列号常量一致，即必须保证(*q)[2]中的 2 与二维数组 a[3][2]中的 2 一致。

（1）q[i][j]等价于 a[i][j]。

（2）*(q[i]+j)等价于*(a[i]+j)。

（3）*(*(q+i)+j)等价于*(*(a+i)+j)。

（4）*(*(q+i)[j])等价于*(*(a+i)[j])。

12．二维数组、指针数组与行指针之间的对应关系

若有定义 int a[3][2], *p1[3], (*p2)[2];，则将 a 称为二维数组名，p1 称为指针数组，p2 称为行指针。由于二维数组的行数与指针数组的维数相同，二维数组的列数与行指针的维数相同，因此三者可以产生对应关系。

13．用二维数组名和指针数组名作为函数实参

当用二维数组名作为函数实参时，对应的形参应当是一个行指针。

当用指针数组名作为函数实参时，对应的形参应当是一个指向指针的指针变量。

14．将字符型指针变量指向字符串

由于字符串中的每个字符在内存中都是顺序存放的，因此使用指针变量操作字符串是比较方便的。以下是几种将字符型指针变量指向字符串的方法。

方法一：在定义字符型指针变量时为其赋一个字符串（初始化）。

例如：

```
char *p = "Hello";
```

方法二：先定义字符型指针变量，然后通过赋值语句让字符型指针变量指向字符串。

例如：

```
char *p;  p = "Hello";
```

方法三：先定义字符型指针变量，然后为字符型指针变量赋一个有效的地址（可以为其赋一个字符数组的首地址，或调用 malloc 函数为其动态分配一段存储单元），最后调用 strcpy 函数将字符串复制到指针变量指向的这段存储单元中。

15．"字符数组存放字符串"与"指向字符串的指针变量"的比较

对于字符串的操作，既可以使用字符数组，又可以使用字符型指针变量，但二者在使用上有一些异同。

相同点：它们都可以通过初始化为其赋一个字符串。

不同点：（1）字符数组不能使用赋值语句为其赋字符串；而字符型指针变量可以通过赋值语句使之指向字符串。（2）定义字符数组后可以调用 strcpy 函数为其赋字符串；而定义字符型指针变量后不能立即调用 strcpy 函数为其赋字符串。（3）字符数组装载字符串后，系统开辟的是一段连续的存储单元（大于或等于字符串的长度），数组名代表了这段存储单元的首地址；而字符型指针变量指向字符串后，系统为字符型指针变量开辟的只有 4 字节存储单元，用来存放字符串无名存储区的首地址。

16．字符串数组

多个字符串放在一起就构成了字符串数组。可以使用字符型二维数组来构造字符串数组，也可以定义一个字符型指针数组来构造字符串数组。

方法一：使用字符型二维数组来构造字符串数组。

例如：

```
char name[][10]={"China","America","English","France"};
```

方法二：定义字符型指针数组来构造字符串数组。

例如：

```
char *pname[4]={"China","America","English","France"};
```

10.5 课后习题

一、选择题

1．若有定义 int n1=0,n2,*p=&n2,*q=&n1;，则以下赋值语句中与语句 n2=n1;等价的是（　　）。

    A．*p=*q;　　　　　　　　　　　　B．p=q;

    C．*p=&n1;　　　　　　　　　　　　D．p=*q;

2．若有定义 int x=0, *p=&x;，则语句 printf("%d\n",*p);的输出结果是（　　）。

    A．随机值　　　　　　　　　　　　B．0

    C．x 的地址　　　　　　　　　　　　D．p 的地址

3．以下定义中正确的是（　　）。

    A．char a='A'b='B';　　　　　　　　B．float a=b=10.0;

    C．int a=10,*b=&a;　　　　　　　　D．float *a,b=&a;

4．以下程序的运行结果是（　　）。

```
#include<stdio.h>
    void main()
    { int a=7,b=8,*p,*q,*r;
        p=&a;q=&b;
```

```
        r=p; p=q;q=r;
        printf("%d,%d,%d,%d\n",*p,*q,a,b);
    }
```

    A．8,7,8,7   B．7,8,7,8

    C．8,7,7,8   D．7,8,8,7

5．若有定义 int a,*pa=&a;，则以下语句中能正确为变量 a 读入数据的是（   ）。

    A．scanf("%d",pa) ;   B．scanf("%d",a) ;

    C．scanf("%d",&pa ;   D．scanf("%d",*pa) ;

6．若有定义 int n=0,*p=&n,**q=&p;，则以下赋值语句中正确的是（   ）。

    A．p=1;   B．*q=2;   C．q=p;   D．*p=5;

7．以下程序的运行结果是（   ）。

```
#include<stdio.h>
void fun(char *a, char *b)
  { a=b; (*a)++; }
  void main ()
  { char c1="A", c2="a", *p1, *p2;
    p1=&c1; p2=&c2; fun(p1,p2);
    printf("&c&c\n",c1,c2);
  }
```

    A．Ab   B．aa

    C．Aa   D．Bb

8．若有以下程序：

```
    double r=99,*p=&r;
*p=r;
```

则以下叙述中正确的是（   ）。

    A．两处*p 的含义相同，都表示给指针变量 p 赋值

    B．在语句 double r=99,*p=&r;中，把变量 r 的地址赋给了指针变量 p 指向的存储单元

    C．在语句*p=r;中，把变量 r 的值赋给了指针变量 p

    D．在语句*p=r;中，把变量 r 的值放回了变量 p 中

9．以下程序的运行结果是（   ）。

```
#include<stdio.h>
void main()
{ printf("%d\n", NULL); }
```

    A．0   B．1

    C．-1   D．NULL

10．若定义以下函数：

```
    fun (int *p)
    { return *p; }
```

则函数的返回值是（   ）。

    A．不确定的值   B．形参 p 中存放的值

    C．形参 p 指向的存储单元中的值   D．形参 p 的地址

二、程序阅读题

1. 以下程序的运行结果是（　　　）。

```c
#include<stdio.h>
func(char *s,char a,int n)
{ int j;
  *s=a; j=n ;
  while (*s<s[j]) j-- ;
  return j;
}
void main ( )
{  char c[6] ;
int i ;
    for (i=1; i<=5 ; i++)
    *(c+1)='A'+i+1;
printf("%d\n",func(c,'E',5));
}
```

2. 以下程序的运行结果是（　　　）。

```c
#include<stdio.h>
fun (char *s)
{ char *p=s;
  while (*p) p++ ;
  return (p-s) ;
}
void main ( )
{ char *a="abcdef" ;
  printf("%d\n",fun(a)) ;
}
```

3. 以下程序的运行结果是（　　　）。

```c
#include<stdio.h>
sub(char *a,int t1,int t2)
{  char ch;
   while (t1<t2) {
      ch = *(a+t1); *(a+t1)=*(a+t2) ; *(a+t2)=ch ;
      t1++ ; t2-- ;
   }
}
void main ( )
{  char s[12];
int i;
for (i=0; i<12 ; i++)
```

```
        s[i]='A'+i+32 ;
    sub(s,7,11);
    for (i=0; i<12 ; i++)
        printf ("%c",s[i]);
        printf("\n");
}
```

4. 若通过键盘输入 6，则以下程序的运行结果是（　　　）。

```
#include<stdio.h>
sub(char *a,char b)
{ while (*(a++)!='\0') ;
    while (*(a-1)<b)
        *(a--)=*(a-1);
    *(a--)=b;
}
void main ( )
{   char s[]="97531",c;
    c = getchar ( ) ;
    sub(s,c);
 puts(s) ;
}
```

5. 以下程序的运行结果是（　　　）。

```
#include<stdio.h>
void fun(int x,int y,int *cp,int *dp)
{
    *cp=x+y;
    *dp=x-y;
}
void main()
{
    int a, b, c, d;
    a=30; b=50;
    fun(a,b,&c,&d);
    printf("%d,%d\n",c,d);
}
```

6. 以下程序的运行结果是（　　　）。

```
#include<stdio.h>
#include<string.h>
int *p;
void main()
{
    int x=1, y=2, z=3;
     p=&y;
    fun(x+z, &y);
    printf("(1) %d  %d  %d\n", x, y, *p);
```

```
        }
    fun( int x, int *y)
        {
            int z=4;
            *p=*y+z;
            x=*p-z;
            printf("(2) %d  %d  %d\n", x, *y, *p);
        }
```

7. 以下程序的运行结果是（   ）。

```
#include<stdio.h>
void swap(int *a, int *b)
{
int *t;
    t=a;
    a=b;
    b=t;
}
void main()
{
int x=3, y=5, *p=&x, *q=&y;
    swap(p,q);
    printf("%d  %d\n", *p, *q);
}
```

8. 以下程序的运行结果是（   ）。

```
#include<stdio.h>
void main()
{
    char s[]="1357", *t;
    t=s;
    printf("%c, %c\n", *t, ++*t);
}
```

三、填空题

1. 以下程序的功能是从输入的 10 个字符串中找出最长的字符串。请在_____内填入正确的内容。

```
void fun(char str[10][81],char **sp)
    { int i;
     *sp =_____;
     for (i=1; i<10; i++)
         if (strlen (*sp)<strlen(str[i])) _____;
}
```

2. 以下程序的功能是将一个整型字符串转换为一个整数，如将"-1234"转换为 1234。

请在_____内填入正确的内容。

```
int chnum(char *p)
{ int num=0,k,len,j ;
  len = strlen(p) ;
  for ( ; _____ ; p++)
 {
    k=_____; j=(--len) ;
    while (_____) k=k*10 ;
  num = num + k ;
  }
  return (num);
}
```

3．以下程序的功能是统计子串 substr 在母串 str 中出现的次数。请在_____内填入正确的内容。

```
int count(char *str, char *substr)
{ int i, j, k, num=0;
  for ( i=0; _____ ; i++)
for (_____, k=0; substr[k]= =str[j]; k++; j++)
      if (substr [_____]= ='\0')
      {
          num++ ; break ;
      }
    return (num) ;
}
```

4．以下程序的功能是将字符串 s1 和字符串 s2 连接起来。请在____内填入正确的内容。

```
void conj(char *s1,char *s2)
{
  while (*s1) _____ ;
  while (*s2) { *s1=_____ ; s1++,s2++; }
  *s1='\0';
}
```

四、编程题

1．将字符串中从第 m 个字符开始的全部字符复制成另一个字符串。要求，在 main 函数中输入字符串及 m 的值并输出复制结果，在被调函数中完成复制。

2．编写程序，实现两个字符串的比较，即自行编写一个 strcmp 函数，该函数原型为：

```
int strcmp(char *p1,char *p2);
```

设指针变量 p1 指向字符串 s1，指针变量 p2 指向字符串 s2。要求，当 s1 等于 s2 时，返回值为 0，若 s1 不等于 s2，则返回二者第一个不同字符的 ASCII 码的差值，如"BOY"与"BAD"，第二个字母不同，O 与 A 的差值为 79-65=14。如果 s1>s2，那么输出正数；如果

s1<s2，那么输出负数。

3．输入一个月份号，输出该月份的英文月份名。例如，若输入 3，则输出 March。要求，使用指针数组实现。

4．使用指向指针的指针变量对 5 个字符串排序并输出。

5．使用指向指针的指针变量对 n 个整数排序并输出。要求，对排序单独编写一个函数程序。将 5 个整数和 n 在 mian 函数中输入并在 mian 函数中输出。

6．设计函数 char *insert(s1,s2,n)。要求，使用指针变量实现在字符串 s1 中的指定位置 n 处插入字符串 s2。

10.6 习题答案

一、选择题

1．A　2．B　3．C　4．C　5．A　6．D　7．A　8．D　9．A
10．C

二、程序阅读题

1．5
2．6
3．abcdefglkjih
4．976531
5．80，-20
6．（1）2　6　6
　　（2）1　6　6
7．3　5
8．2　2

三、填空题

1．str[0]　　*sp=str[i]
2．*p!='\0'　　*p-'0'　　j--!=0
3．str[i]!='\0'　j=i　　k
4．s1++　　　　*s2

四、编程题

1. 代码如下：

```c
#include<stdio.h>
#include<string.h>
void copystr(char *p1,char*p2,int m)
{
    int n=0;
    while(n<m-1)
    {
        p2++;
        n++;
    }
    while(*p2!='\0')
    {
        *p1=*p2;
        p1++;
        p2++;
    }
    *p1='\0';
}

void main()
{
    int m;
    char str1[80],str2[80];
    printf("Input a string: \n");
    gets(str2);
    printf("Input m: \n");
    scanf("%d",&m);
    if(strlen(str2)<m)
        printf("Error input!\n");
    else{
        copystr(str1,str2,m);
    printf("Result is : %s\n",str1);
    }
}
```

2. 代码如下：

```c
#include <stdio.h>
#define N 10
void main()
{
 int strcmp(char *p1,char *p2);
```

语言程序设计实训教程

```
    char str1[N],str2[N];
    char *p1,*p2;
    printf("输入字符串str1\n\n");
    gets(str1);
    printf("\n\n输入字符串str2\n\n");
    gets(str2);
    p1=str1;
    p2=str2;
    printf("\n\n%d\n\n",strcmp(p1,p2));
}
int strcmp(char *p1,char *p2)
{
    int i,flag=0;
    for(i=0;*(p1+i)!='\0'&&*(p2+i)!='\0';i++)
    {
        if(*(p1+i)==*(p2+i))
            flag=0;
        else
            {
                flag=*(p1+i)-*(p2+i);
                break;
            }
    }
    return flag;
}
```

3．代码如下：

```
#include <stdio.h>
void main()
{
char*mon[]={"January","February","March","April","May","June","July","Au-
gust","September","October","November","December"};
    int n;
    printf("输入一个月份号\n\n");
    scanf("%d",&n);
    if(n>=1&&n<=12)
        printf("\n\n%s\n\n",mon[n-1]);
    else
        printf("\n\n%d月份不存在\n\n",n);
}
```

4．代码如下：

```
#include <stdio.h>
#include <string.h>
#define N 5
```

```
#define MAX 100
void main()
{
  void sort(char **p);
  char *pstr[N],**p,str[N][MAX];
  int i;
  for(i=0;i<N;i++)
      pstr[i]=str[i];
  printf("输入%d个字符串\n\n",N);
  for(i=0;i<N;i++)
      gets(str[i]);
  p=pstr;
  sort(p);
  printf("\n\n 排序后的%d个字符串为：\n\n",N);
  for(i=0;i<N;i++)
      puts(*(p+i));
}
void sort(char **p)
{
  int i,j;
  char *temp;
  for(i=0;i<N;i++)
  {
      for(j=i;j<N;j++)
      {
          if(strcmp(*(p+i),*(p+j))>0)
          {
              temp=*(p+i);
                  *(p+i)=*(p+j);
                  *(p+j)=temp;
          }
      }
  }
}
```

5. 代码如下：

```
#include <stdio.h>
#define N 100
void main()
{
  void sort(int **p,int n);
  int i,n;
  int *pnum[N],num[N],**p;
  printf("输入整数的个数\n\n");
  scanf("%d",&n);
```

```
for(i=0;i<n;i++)
    pnum[i]=&num[i];
printf("\n\n输入%d个整数\n\n",n);
for(i=0;i<n;i++)
    scanf("%d",&num[i]);
p=pnum;
sort(p,n);
printf("\n\n排序后的%d个整数为：\n\n",n);
for(i=0;i<n;i++)
    printf("%d ",**(p+i));
printf("\n\n");
}
void sort(int **p,int n)
{
 int *temp;
 int i,j;
 for(i=0;i<n;i++)
    {
        for(j=i;j<n;j++)
        {
            if(**(p+i)>**(p+j))
                {
                    temp=*(p+i);
                *(p+i)=*(p+j);
                *(p+j)=temp;
                }
        }
    }
}
```

6. 代码如下：

```
#include <stdio.h>
char* insert(char* s1,char* s2,int n)
{
    int j=0;
    char* ss=new char[100];
    char* tsptr=ss;
    for(int i=0;i<n;i++)
        *ss++=*s1++;
    while(*s2!='\0')
        *ss++=*s2++;
    while(*s1!='\0')
    {
        *ss++=*s1++;
```

```
    }
    *ss='\0';
    return tsptr;
}
void main()
{
    char s1[]="123456789";
    char s2[]="1234";
    char* ss=insert(s1,s2,4);
    printf("%s",ss);
}
```

模块11

结构体与共用体

11.1 实验目的

（1）掌握结构体的概念和结构体类型的定义，理解结构体类型的存储结构。

（2）掌握结构体变量和数组的定义，以及赋值的方法，正确引用结构体分量和结构体数组元素。

（3）掌握运算符"."和"→"的应用。

（4）掌握共用体类型的定义和存储结构，正确引用共用体成员。

（5）掌握枚举类型的定义，以及用枚举类型定义枚举变量的方法。

11.2 实验准备

（1）复习定义和赋值数组的方法。

（2）复习结构体类型的定义，以及结构体变量的定义和赋值的方法。

（3）复习结构体指针的概念及其应用，如链表。

11.3 实验内容

11.3.1 基础训练

训练1：结构体类型的定义、输入及输出

以下程序的功能是定义两种结构体类型：一种是身份信息，包含的数据项有姓名、性别、年龄；另一种是日期，包含的数据项有年、月、日。使用该程序可以输入及输出这些结构体类型。

代码如下：

```c
# include <stdio.h>
# include <stdlib.h>
# define MAX 2
struct PersonInfo                        /*身份信息的定义*/
{
    char name[10];
    char sex;
    int age;
}pInfo[MAX];
struct y_m_d                             /*日期的定义*/
{
    int year;
    int month;
    int day;
}date[MAX];
void printInfo(struct PersonInfo p[]);   /*声明身份信息输出函数*/
void printDate(struct y_m_d time[]);     /*声明日期输出函数*/

int main()
{
    int i;
    printf("输出身份信息\n");
    for(i=0;i<MAX;i++)
    {
        scanf("%s%c%d",pInfo[i].name,&pInfo[i].sex,&pInfo[i].age);
    }
    printf("输出日期\n");
    for(i=0;i<MAX;i++)
    {
        scanf("%d%d%d",&date[i].year,&date[i].month,&date[i].day);
    }
    printInfo(pInfo);
    printDate(date);
    system("pause");
    return 0;
}

void printInfo(struct PersonInfo p[])
{
    int i;
    for(i=0;i<MAX;i++)
    {
        printf("%s%c%d",p[i].name,p[i].sex,p[i].age);
        putchar('\n');
```

```
        }
    }
void printDate(struct y_m_d time[])
{
    int  i;
    for(i=0;i<MAX;i++)
    {
        printf("%d%d%d",time[i].year,time[i].month,time[i].day);
        putchar('\n');
    }
}
```

训练 2：共用体类型的定义、输入及输出

以下程序的功能是定义一个名为 Data 的共用体类型，有 3 个成员，分别为 i、f 和 str，即一个 Data 类型的变量可以存储一个整数、一个实数或一个字符串。这意味着一个变量（在相同的内存位置）可以存储多个多种类型的数据。用户可以根据需要在一个共用体中使用任何内置的或用户自定义的数据类型。

代码如下：

```
#include <stdio.h>
#include <stdlib.h>
#include <string.h>

union Data
{
   int i;
   float f;
   char  str[20];
};
int main( )
{
   union Data data;
   printf( "Memory size occupied by data : %d\n", sizeof(data));
   system("pause");
   return 0;
}
```

上面的程序被编译和执行后，会产生如下结果：

```
Memory size occupied by data : 20
```

以上结果说明，共用体占用的内存为其中的最大成员，应足够存储共用体中最大的成员。

将 main 函数中对共用体的访问进行如下两种修改，观察程序的运行结果。

修改 1：

```
int main( )
{
```

```
   union Data data;
   data.i = 10;
   data.f = 220.5;
   strcpy(data.str,"C Programming");
   printf("data.i : %d\n", data.i);
   printf("data.f : %f\n", data.f);
   printf("data.str:%s\n",ata.str);
   system("pause");
   return 0;
}
```

上面的程序被编译和执行后，会产生如下结果：

```
data.i : 1917853763
data.f : 4122360580327794860452759994368.000000
data.str : C Programming
```

分析：

在这里，可以看到成员 i 和 f 的值有损坏，这是因为最后赋给变量的值占用了内存位置，这也是成员 str 能够完好输出的原因。

修改 2：

```
int main( )
{
   union Data data;
   data.i = 10;
   printf( "data.i : %d\n", data.i);
   data.f = 220.5;
   printf( "data.f : %f\n", data.f);
   strcpy( data.str, "C Programming");
   printf( "data.str : %s\n", data.str);
   system("pause");
   return 0;
}
```

上面的程序被编译和执行后，会产生如下结果：

```
data.i : 10
data.f : 220.500000
data.str : C Programming
```

分析：

在这里，所有成员都能完好地输出，这是因为在同一时间只用了一个成员。

训练 3：枚举类型的定义

定义简单枚举类型数据，代码如下：

```
#include<stdio.h>
#include<stdlib.h>
```

```
int main(){
    enum color{Red,Green,Blue};
    printf("Red=%d\nGreen=%d\nBlue=%d\n", Red, Green, Blue);
    system("pause");
    return 0;
}
```

运行结果如图 11.1 所示。

图 11.1　训练 3 的运行结果 1

分析:

枚举常量代表该枚举变量可能取的值,编译系统为每个枚举常量的值都指定一个整数,在默认状态下,这个整数就是所列举元素的序号,从 0 开始。可以在定义枚举类型时,将部分或全部枚举常量的值指定为整数,指定值之前的枚举常量仍按默认方式取值,而指定值之后的枚举常量则按依次加 1 的原则取值。

各枚举常量的值可以重复,枚举常量的值可以被指定。观察如下程序的运行结果。

```
#include<stdio.h>
#include<stdlib.h>
int main(){
    enum color{Red=1,Green=2,Blue=3};
    enum color c1 = Blue;
    printf("Red=%d\nGreen=%d\nBlue=%d\n", Red, Green, Blue);
    printf("color c1 = %d\n", c1);
    system("pause");
    return 0;
}
```

运行结果如图 11.2 所示。

图 11.2　训练 3 的运行结果 2

分析:

枚举类型描述的是一组整型数据的集合,大括号中的元素(枚举成员)是常量而不是变量,一定要清楚,不能对它们赋值,只能将它们的值赋给其他变量。

在没有显示说明的情况下,默认第一个枚举常量的值为 0,往后每个枚举常量的值依次都递增 1。在部分显示说明的情况下，未指定值的枚举常量将按照之前最后一个指定的值依次向后递增取值。一个整数不能被直接赋给一个枚举变量，必须先用该枚举变量所属的枚举类型进行强制转换再赋值。

相同枚举类型中的不同枚举成员可以具有相同的值。同一个程序中不能定义同名的枚举类型，不同的枚举类型中也不能存在同名的枚举成员。

11.3.2　进阶训练

进阶 1：结构体与共用体的使用

以下程序的功能是创建一个关于教师和学生通用的表格，输入人员数据，并以表格形式输出。教师数据项有姓名、年龄、职务、教研室，学生数据项有姓名、年龄、职务、班级。

代码如下：

```c
# include <stdio.h>
# include <stdlib.h>
struct                 /*定义结构体*/
{
    char name[10];
    int age;
    char job;
    union              /*定义共用体*/
    {
        int cla;
        char office[10];
    }depa;
}body[2];

int main()
{
    int i;
    for(i=0;i<2;i++)
    {
        printf("请输入姓名、年龄、职务（s:学生，否则为教师）\n");
        scanf("%s%d%s",body[i].name,&body[i].age,&body[i].job);
        if(body[i].job=='s'){
            printf("请输入班级\n");
            scanf("%d",&body[i].depa.cla);
        }else{
            printf("请输入教研室\n");
            scanf("%s",body[i].depa.office);
        }
    }
```

```
    for(i=0;i<2;i++)
    {
        if(body[i].job=='s'){
            printf("姓名、年龄、职务、班级\n");
            printf("%s\t%3d%3c%3d\n",body[i].name,body[i].age,
                                body[i].job,body[i].depa.cla);
        }else{
            printf("姓名、年龄、职务、教研室\n");
            printf("%s\t%3d%3c%3s\n",body[i].name,body[i].age,
                                body[i].job,body[i].depa.office);
        }
    }
    system("pause");
    return 0;
}
```

分析：

以上程序使用了一个结构体数组 body 来存放成员数据，该结构体数组中共有 4 个成员。其中 depa 是共用体成员，这个共用体成员又由两个成员组成，一个为整型变量 cla，一个为字符数组 office。在程序的第一个 for 语句中，输入成员的各项数据，先输入前 3 个成员，即 name、age 和 job，然后判断成员 job，若为 s 则对共用体成员 depa.cla 输入"对学生赋班级编号"，否则对共用体成员 depa.office 输入"对教师赋教研组名"。

在使用 scanf 语句输入时要注意，凡为数组类型的成员，无论是结构体成员还是共用体成员，在该项前均不能添加"&"。

由于 body[i].name 是数组，body[i].dep、a.office 也是数组，因此在这两项之间不能添加"&"。

进阶 2：结构体和链表的使用

以下程序中定义了一个关于体操运动员的结构体类型，包含的数据项有号码、姓名、分数。使用链表的知识，创建关于体操运动员的链表，并对该链表进行遍历、插入、排序、删除。上机调试、验证以下程序，写出程序的运行结果，对链表的创建、遍历、插入、排序、删除功能进行详细的注释。

代码如下：

```
# include <stdio.h>
# include <stdlib.h>
typedef struct gymnast
{
    long num;
    char name[10];
    int score;
    struct gymnast *next;
```

```
} GYM;

GYM * create( );
void print(GYM *head);
GYM * insert(GYM *ap,GYM *bp);
GYM *sort(GYM *head);
GYM *del(GYM *head,long m);
int n;

int main()
{
    GYM *alist,*blist;
    long de;
    alist=create();
    blist=create();
    print(alist);
    print(blist);
    alist=insert(alist,blist);
    print(alist);

    printf("Please input the number you want to delete: \n");
    scanf("%ld",&de);
    alist=del(alist,de);
    print(alist);
    system("pause");
    return 0;
}

GYM * create( )
{
    n=0;
    GYM * ath1,* ath2,*head;
    ath1=ath2=(GYM *)malloc(sizeof(GYM));
    printf("NUMBER    NAME    SCORE\n");
    scanf("%ld %s %d",&ath1->num,ath1->name,&ath2->score);
    head=NULL;
    while(ath1->num !=0)
    {
        n=n+1;
        if(n==1)
            head=ath1;
        else
            ath2->next=ath1;
        ath2=ath1;
        ath1=(GYM *)malloc(sizeof(GYM));
        scanf("%ld %s %d",&ath1->num,ath1->name,&ath2->score);
```

```
    }
    ath2->next=NULL;
    head=sort(head);
    return head;
}


void print(GYM *head)
{
    GYM *p;
    p=head;
    printf("NUMBER    NAME    SCORE\n");
    while(p !=NULL)
    {
        printf("%ld    %s    %d",p->num,p->name,p->score);
        p=p->next;
        putchar('\n');
    }
}
GYM * insert(GYM *ap,GYM *bp)
{
    GYM *ap1,*ap2,*bp1,*bp2;
    ap1=ap2=ap;
    bp1=bp2=bp;
    do{

        while(bp1->num>ap1->num && ap1->next!=NULL)
        {
         ap2=ap1;
         ap1=ap1->next;
        }
        if(bp1->num<=ap1->num)
        {
            if(ap1==ap)
                ap=bp1;
            else
                ap2->next=bp1;
        bp1=bp1->next;
        bp2->next=ap1;
        ap2=bp2;

        bp2=bp1;
        }
    }while(ap1->next!=NULL ||(bp1!=NULL && ap1==NULL));
    if(ap1->next==NULL && bp1!=NULL && bp1->num>ap1->num )
        ap1->next=bp1;
    return ap;
```

```
}

GYM *sort(GYM *head)
{
    GYM *p1,*p2,*GYMMin;
    long min,current;
    p1=p2=head;
    while(p2->next !=NULL)
    {
        min=p2->num;
        GYMMin=p2;
        p1=p2;
        while(p1->next!=NULL)
        {
            if(p1->num<min)
            {
                min=p1->num;
                GYMMin=p1;
            }
            p1=p1->next;
        }
        if(p1->num<min)
        {
            min=p1->num;
            GYMMin=p1;
        }

        current =p2->num;
        p2->num=min;
        GYMMin->num=current;
        p2=p2->next;
    }
    return head;
}

GYM *del(GYM *head,long m)
{
    GYM *back,*pre;
    pre=back=head;
    int find=0;
    while(pre!=NULL)
    {
        if(pre->num == m)
        {
            pre=pre->next;
            head=pre;
```

```
            find=1;
            break;
        }
        else
        {
            pre=pre->next;
            while(pre!=NULL)
            {
                if(pre->num == m)
                {
                back->next=pre->next;
                find=1;
                break;
                }
                back=pre;
                pre=pre->next;
            }
            if(!find)
                printf("%d was not found\n ",m);
            break;
        }
    }
    return head;
}
```

进阶 3：枚举类型的复杂使用

已知口袋中有若干个红、黄、蓝、白、黑 5 种颜色的球。每次从口袋中取出 3 个球，求得到 3 种不同颜色的球的可能取法，并输出每种组合的 3 种颜色，要求输出的颜色用 red、yellow、blue、white、black 显示，输出满足条件方案的总个数。

代码如下：

```
#include"stdio.h"
#include"stdlib.h"
int main(){
enum color {
    red,yellow ,blue ,white , black
};/*定义枚举类型*/
enum color pri;
int n,loop,i,j,k;
n=0;
/*初始化总数 n=0*/
for(i=red;i<=black;i++)    /*第 1 个球的颜色从 red 变到 black*/
for(j=red;j<=black;j++)    /*第 2 个球的颜色从 red 变到 black*/
    if(i!=j){              /*只有第 1 个球和第 2 个球的颜色不同才需要继续找第 3 个球*/
        for(k= red;k<=black;k++)
        if((k != i)&&(k !=j))
```

```
    {                        /* 要求第 3 个球不能与第 1 个球或第 2 个球的颜色相同*/
        n=n+1;               /*使 n 加 1，并输出这种三色组合方案*/
        printf("%-4d" ,n);
        for(loop=1;loop<=3;loop++)
        {
            switch(loop)
            {
                case 1:pri = color(i);break;
                case 2:pri = color(j); break;
                case 3:pri = color(k) ;break ;
                default : break ;
            }
            switch(pri){
                case red:printf("%-10s","red" );break ;
                case yellow:printf("%-10s","yellow") ; break;
                case blue:printf("%-10s" ,"blue") ;break;
                case white:printf("%-10s" ,"white" ) ;break;
                case black:printf("%-10s" ,"black");
            }
        }
        printf("\n");
    }
}
printf("\ntotal: %5d\n" ,n); /*输出满足条件方案的总个数*/
system("pause");
return 0;
}
```

运行结果如图 11.3 所示。

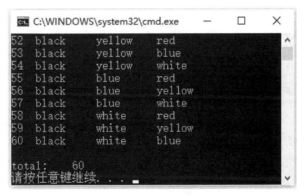

图 11.3　进阶 3 的运行结果

📖分析：

因为球的颜色只能是 5 种颜色之一，并且需要判断各个球是否颜色相同，所以应该使用枚举变量进行处理。

设取出的球为 i、j、k。根据题意可知，i、j、k 分别是 5 种颜色的球之一，并且互不同色。可以用穷举的方法，测试每种可能的组合，并判断该组合是否满足条件。

用 n 表示累计得到 3 种不同颜色的球的次数。通过外循环，第 1 个球的颜色从 red 变到 black，通过第 2 层循环，第 2 个球的颜色从 red 变到 black。如果第 1 个球和第 2 个球的颜色相同那么不符合条件，如果第 1 个球和第 2 个球的颜色不同那么需要继续找第 3 个球，此时通过最内层循环的球的颜色可以是从 red 到 black 共 5 种可能的其中之一，但要求第 3 个球不能与第 1 个球或第 2 个球的颜色相同，即 k≠i 且 k≠j。满足以上条件，就会得到 3 种不同颜色的球，输出此方案。每得到一种符合条件的方案后输出。外循环全部执行完成后，即已判断完全部方案，输出满足条件方案的总个数即可。

为了输出 3 种颜色，可以采用 switch 语句将 i、j、k 代表的球的颜色输出。

11.3.3 深入思考

思考 1：结构体指针的应用

计算全班学生的总成绩、平均成绩，以及成绩在 140 分以下的学生人数。
代码如下：

```c
#include <stdio.h>
#include <stdlib.h>
struct stu{
    char *name;     //姓名
    int num;        //学号
    int age;        //年龄
    char group;     //所在小组
    float score;    //成绩
}stus[] = {
    {"Li ping", 5, 18, 'C', 145.0},
    {"Zhang ping", 4, 19, 'A', 130.5},
    {"He fang", 1, 18, 'A', 148.5},
    {"Cheng ling", 2, 17, 'F', 139.0},
    {"Wang ming", 3, 17, 'B', 144.5}
};
void average(struct stu *ps, int len);
int main(){
    int len = sizeof(stus) / sizeof(struct stu);
    average(stus, len);
    system("pause");
    return 0;
}
void average(struct stu *ps, int len){
    int i, num_140 = 0;
    float sum = 0;
```

```
    for(i=0; i<len; i++){
        sum += (ps + i) -> score;
        if((ps + i)->score < 140) num_140++;
    }
    printf("sum=%.2f\naverage=%.2f\nnum_140=%d\n", sum, sum/5, num_140);
}
```

运行结果如图 11.4 所示。

图 11.4　思考 1 的运行结果

思考 2：动手试一试

在成绩管理系统中，应实现四大功能，即教师管理、学生管理、课程管理和选课管理，在这四大功能中，分别对应要保留的信息是教师信息、学生信息、课程信息和选课信息，其中课程信息包含教师编号，选课信息包含学生编号和课程编号，通过这样的设置，可以将这些信息联系起来。现要求使用结构体的相关知识和前面学习过的知识，实现如下功能：

（1）教师信息的添加、删除、修改和查询功能。

（2）学生信息的添加、删除、修改和查询功能。

（3）课程信息的添加、删除、修改和查询功能。

（4）选课信息的添加、删除、修改和查询功能。

（5）根据教师编号或姓名，查询该教师的授课信息。

（6）根据学生编号或姓名，查询该学生的选课信息及成绩。

（7）根据课程编号或名称，查询学生信息，并给出选择该门课程的最高成绩、平均成绩、各分数段的学生人数、学生成绩的标准差等。

（8）根据课程编号或名称，按学生编号从小到大的顺序显示学生成绩，按成绩从高到低的顺序显示学生成绩。

参考方案：

本方案中采用链表结构实现信息的处理与维护。程序清单如下：

```
//定义全局变量
studentNode *stuNodeHead;
teacherNode *teaNodeHead;
courseNode *couNodeHead;
studentScoreNode *sscNodeHead;
//定义全局信息维护函数
void addstudent(studentNode *Head,Student data);
void modifystudent(studentNode *p,char sno[],Student data);
```

```
void deletestudent(studentNode *Head,Student data);
void loadstudentlink();
void flushstudent(studentNode *Head);
//如果没有该学生，那么返回的学生编号为-1
Student getstudentbyid(studentNode *Head,char sno[]);
void addteacher(teacherNode *Head,Teacher data);
void modifyteacher(teacherNode *p,Teacher data);
void deleteteacher(teacherNode *Head,Teacher data);
void loadteacherlink(teacherNode *Head);
void flushteacher(teacherNode *Head);
//如果没有该教师，那么返回的教师编号为-1
Teacher getTeacherbyid(teacherNode *Head,char tno[]);
void addCourse(courseNode *Head,Course data);
void modifyCourse(courseNode *p,Course data);
void deleteCourse(courseNode *Head,Course data);
void loadCourselink(courseNode *Head);
void flushCourse(courseNode *Head);
//如果没有该课程，那么返回的课程编号为-1
Course getCoursebyid(courseNode *Head,char sno[]);
void addStudentScore(studentScoreNode *Head,StudentScore data);
void modifyStudentScore(studentScoreNode *p,StudentScore data);
void deleteStudentScore(studentScoreNode *Head,StudentScore data);
void loadStudentScorelink(studentScoreNode *Head);
void flushStudentScore(studentScoreNode *Head);
//实现函数，为了方便阅读，只给出了一些学生信息维护函数，其他信息维护函数类似，读者可自行参照
//完成

void loadstudentlink()
{
    Student node;
    FILE *fp;
    studentNode *pre,*q;
    if((fp=fopen("studentlst.a","rt"))==0)
    {
        printf("\n 文件打不开，不能加载学生信息!");
        getch();
        return;
    }
    stuNodeHead=NULL;
    fread(&node,sizeof(Student),1,fp);
    while(!feof(fp))
    {
        if(stuNodeHead==NULL)
        {
            stuNodeHead=(studentNode *)malloc(sizeof(studentNode));
            stuNodeHead->data=node;
```

```
            stuNodeHead->next=NULL;
            pre=stuNodeHead;
        }else
        {
            q=(studentNode *)malloc(sizeof(studentNode));
            pre->next=q;
            q->data=node;
            q->next=NULL;
            pre=q;
        }
        fread(&node,sizeof(Student),1,fp);
    }
    fclose(fp);
}


void addstudent(Student data)
{
    studentNode *p,*q;
    p=stuNodeHead;

    while(p!=NULL&&p->next!=NULL)
    {
        q=p->next;
        p=q;
        q=q->next;
    }
    if(p!=NULL)
    {
        if(strcmp(p->data.sno,"-1")!=0)
        {
            p->next=(studentNode *)malloc(sizeof(studentNode));
            p=p->next;
        }
    }
    else
    {
        p=stuNodeHead=(studentNode *)malloc(sizeof(studentNode));
    }
    p->data=data;
    p->next=NULL;
}


void modifystudent(studentNode *p,char sno[],Student data)
{
    if(p==NULL){printf("\n 没有学生信息，不能修改！\n");return;}
    while(p!=NULL)
```

```
        {
            if(strcmp(p->data.sno,sno)==0)
                break;
            p=p->next;
        }
        if(p!=NULL)
            p->data=data;
}

void deletestudent(studentNode *Head,Student data)
{
    studentNode *pre=Head,*p;
    if(Head==NULL){printf("\n没有学生信息，不能删除！\n");return;}
    if(strcmp(Head->data.sno,data.sno)==0)
    {
        pre=Head->next;
        Head->data=Head->next->data;
        Head->next=Head->next->next;
        free(pre);
    }
    else
    {
        p=pre->next;
        while(p!=NULL)
        {
            if(strcmp(pre->next->data.sno,data.sno)==0)
            {
                p=pre->next;
                pre->next=p->next;
                free(p);
                break;
            }
            pre=pre->next;
            p=pre->next;
        }
    }
}

void flushstudent()
{
    FILE *fp;
    studentNode *pre;
    if((fp=fopen("studentlst.a","w"))==0)
    {
        printf("\n文件打不开，不能保存学生信息!");
getch();
```

```
            return;
        }
        if(stuNodeHead==NULL){printf("\n没有学生信息，不能保存！\n");return;}
    pre=stuNodeHead;
        while(pre!=NULL)
        {
            fwrite(&pre->data,sizeof(Student),1,fp);
            pre=pre->next;
        }
        fclose(fp);
}
Student getstudentbyid(studentNode *Head,char sno[])
{
    Student node;
    strcpy(node.sno,"-1");
    while(Head!=NULL&&strcmp(Head->data.sno,sno)!=0)
    {
        Head=Head->next;
    }
    if(Head!=NULL)
    {
        return Head->data;
    }
    return node;
}


//定义学生信息操作函数
/*显示一条学生信息*/
void listOne_std(Student s)
{
    printf("\n该学生信息如下：");
    printf("\n=====================================================\n\n");
    printf("%-9s%-9s%-9s%-9s%-9s%-9s%-9s\n","学生编号","姓名","性别","出生年月","班级","用户名","密码");
    printf("%-9s%-9s%-9s%-9s%-9s%-9s%-9s\n\n",s.sno,s.name,s.sex,s.birth,s.grass,s.username,s.pass);
}

/*根据学生编号查询学生信息*/
void find_std()
{
    char sno[6];
    Student temp;

    printf("\t\t请输入该学生编号：");
    gets(sno);
```

```
    temp=getstudentbyid(stuNodeHead,sno);
    if (strcmp(temp.sno,"-1")!=0)
        listOne_std(temp);
    else
        printf("\n\t\t 您所输入的学生编号有误或不存在! ");
    printf("\n\t\t 按任意键返回主菜单界面...");
    getch();
}

/*添加学生信息*/
void add_std()
{
    char sno[6];
    Student stu1,temp;
    loadstudentlink();
    printf("\t\t 请输入学生编号: ");
    gets(sno);
    temp=getstudentbyid(stuNodeHead,sno);
    if (strcmp(temp.sno,"-1")==0)/*如果不存在该学生成绩, 那么添加该学生成绩*/
    {
        strcpy(stu1.sno,sno);
        printf("\t\t 请输入该学生的姓名: ");
        gets(stu1.name);
        printf("\t\t 请输入该学生的性别:");
        gets(stu1.sex);
        printf("\t\t 请输入该学生的出生年月:");
        gets(stu1.birth);
        printf("\t\t 请输入该学生的班级:");
        gets(stu1.grass);
        printf("\t\t 请输入该学生的用户名:");
        gets(stu1.username);
        printf("\t\t 请输入该学生的密码:");
        gets(stu1.pass);
        addstudent(stu1);
        flushstudent();
    }
    else
        printf("\n\t\t 您所输入的学生编号已存在! ");

    printf("\n\t\t 按任意键返回主菜单界面...");
    getch();
}

/*修改学生信息*/
void modify_std()
{
```

```
    char sno[6];   /*接收学生编号字符数组*/
    //int i;
    Student stu1,temp;
    printf("\t\t 请输入学生编号: ");
    gets(sno);
    temp=getstudentbyid(stuNodeHead,sno);
    if (strcmp(temp.sno,"-1")!=0)/*如果不存在该学生信息，那么添加该学生信息*/
    {
        listOne_std(temp);
        strcpy(stu1.sno,sno);
        printf("\t\t 请输入该学生的姓名: ");
        gets(stu1.name);
        printf("\t\t 请输入该学生的性别:");
        gets(stu1.sex);
        printf("\t\t 请输入该学生的出生年月:");
        gets(stu1.birth);
        printf("\t\t 请输入该学生的班级:");
        gets(stu1.grass);
        printf("\t\t 请输入该学生的用户名:");
        gets(stu1.username);
        printf("\t\t 请输入该学生的密码:");
        gets(stu1.pass);
        modifystudent(stuNodeHead,sno,stu1);
        flushstudent();
    }
    else
        printf("\n\t\t 您所输入的学生编号有误或不存在! ");
    printf("\n\t\t 按任意键返回主菜单界面...");
    getch();
}

/*删除学生成绩*/
void del_std()
{
    char sno[6];
    Student temp;

    printf("\t\t 请输入学生编号: ");
    gets(sno);
    temp=getstudentbyid(stuNodeHead,sno);
    if (strcmp(temp.sno,"-1")!=0)
    {
        deletestudent(stuNodeHead,temp);
        flushstudent();
    }
    else
```

```
        printf("\n\t\t 您所输入的学生编号有误或不存在！");

    printf("\n\t\t 按任意键返回主菜单界面...");
    getch();
}

void list_std()
{
    //Student stu1,temp;
    studentNode *pre;
    pre=stuNodeHead;
    printf("\n 所有学生信息如下：");
    printf("\n===================================================\n\n");
    printf("%-9s%-9s%-9s%-9s%-9s%-9s%-9s\n","学生编号","姓名","性别","出生年月","班级","用户名","密码");
    while(pre!=NULL)
    {printf("%-9s%-9s%-9s%-9s%-9s%-9s%-9s\n",pre->data.sno,pre->data.name,pre->data.sex,pre->data.birth,pre->data.grass,pre->data.username,pre->data.pass);
    pre=pre->next;
    }
    printf("\n\t\t 按任意键返回主菜单界面...");
    getch();
}
```

注意，本方案中没有给出学生成绩分析处理模块，读者可以结合前面的内容，通过自行修改程序实现。此外，有关函数部分的知识，建议读者参考本书的相应章节。

11.4 章节要点

1. 结构体类型的说明

结构体类型是一种构造类型，是由数目固定且类型相同或不同的若干个有序变量组成的集合。组成结构体的每个数据都被称为结构体的"成员"或"分量"。

结构体类型的说明的一般形式如下：

```
struct 结构体标识名
  {
  类型名 1   结构体成员名列表 1；
  类型名 2   结构体成员名列表 2；
  ...
  类型名 n   结构体成员名列表 n；
  };
```

其中，struct 是关键字，可以省略结构体标识名，但不能省略大括号后面的分号，可以嵌套结构体类型的说明。结构体类型的说明只是列出了该结构的组成情况，标志着这种类型的结构模式已存在，编译程序并没有因此而分配任何存储单元。

2．结构体类型的定义

typedef 是一个关键字，使用它能够为已存在的数据类型重命名，可以理解为给已有的数据类型取一个别名。

例如：

```
typedef  int  INT;
INT  x, y;    //等价于 int x, y;
```

注意，在上例中使用关键字 typedef 并未定义一种新数据类型，而是给已有的数据类型取了一个别名。用户自定义的结构体类型一般都比较复杂，使用关键字 typedef 可以为结构体类型取一个较为简单的别名。

3．结构体变量的定义

定义了结构体类型后，系统只是认可有这样一种用户自己构造的复杂数据类型，但并没有为之分配相应的存储单元，只有定义了该结构体变量之后，系统才会为之分配相应的存储单元。结构体变量占用的存储单元由结构体类型决定。

4．结构体类型指针变量的定义

结构体类型指针变量的定义的方法与普通变量的定义的方法相同。

5．通过结构体变量或结构体指针引用成员

要通过结构体变量或结构体指针引用成员，可以使用以下 3 种形式。

（1）结构体变量名.成员名。

（2）结构体指针变量名→成员名。

（3）(*结构体指针变量名).成员名。

6．结构体变量的赋值

要给结构体变量赋值，可以使用以下两种方法。

（1）初始化。在定义结构体变量的同时为它的各个成员赋初始值，被称为初始化。

（2）对结构体变量进行整体赋值。如果两个结构体变量的数据类型相同，那么可以对这两个结构体变量进行整体赋值。

7．将结构体变量或结构体成员作为实参

（1）传值方式：与基本数据类型一样，当将结构体变量或结构体成员作为实参时，实现的是传值方式，只能单向传递数据，对应的形参必须与实参的类型相同。

（2）传地址方式：当将结构体变量的地址或结构体成员的地址作为实参时，实现的是传地址方式，对应的形参必须是与实参同类型的指针变量。

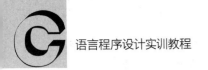

8．利用结构体类型指针变量构成链表

在定义结构体类型时有一个自身为结构体类型指针变量作为成员，可以利用该结构体类型指针变量构成链表。构成链表有静态和动态两种方式。

在构成单向链表时，通常有一个头节点、若干个数据节点，以及一个末尾节点。头节点的数据域为空，其指针域指向第一个数据节点，之后每个数据节点的指针域都指向后一个数据节点，最后一个数据节点被称为末尾节点，末尾节点的指针域为空（NULL）。

9．共用体类型与共用体变量

共用体类型的说明的方法与结构体类型相似，共用体变量的定义的方法与结构体变量相似。不同的是，结构体变量的各个成员各自占用自己的存储单元，而共用体变量的各个成员占用同一个存储单元。

共用体变量存储单元的大小由占用字节数最多的那个成员决定；共用体变量在初始化时只能对它的第一个成员进行初始化；由于共用体变量的所有成员占用同一个存储单元，因此它们的首地址相同，并且与该共用体变量的地址相同。共用体变量中的每个成员的引用形式与结构体变量都相同。

11.5 课后习题

一、选择题

1．当说明一个结构体变量时系统分配给它的内存是（　　）。

　　A．各成员所需内存的总和

　　B．结构体变量中第一个成员所需的内存

　　C．成员中占内存最大者所需的内存

　　D．结构体变量中最后一个成员所需的内存

2．在 C 语言程序执行期间的结构体变量（　　）。

　　A．所有成员一直驻留在内存中　　　　　B．只有一个成员驻留在内存中

　　C．部分成员驻留在内存中　　　　　　　D．没有成员驻留在内存中

3．若有以下说明语句：

```
struct stu { int a ; float b ;} stutype;
```

则下面叙述中不正确的是（　　）。

　　A．struct 是结构体类型的关键字

　　B．struct stu 是用户定义的结构体类型

　　C．stutype 是用户定义的结构体类型名

　　D．a 和 b 都是结构体成员名

4. 使用关键字 typedef 定义一个新数据类型的正确步骤是（　　　）。

（1）把变量名换成新数据类型名　　　　（2）按定义变量的方法写出定义

（3）用新数据类型名定义变量　　　　　（4）在最前面加上关键字 typedef

A.（2）（4）（1）（3）　　　　　　　　B.（1）（3）（2）（4）

C.（2）（1）（4）（3）　　　　　　　　D.（4）（2）（3）（1）

5. 以下程序在 Microsoft Visual C++ 2010 学习版中的运行结果是（　　　）。

```c
# include <stdio.h>
# include <stdlib.h>
int main()
{
    struct date
    {
        int year,month,day;
    }today;
    printf("%d\n",sizeof(struct date));
    system("pause");
    return 0;
}
```

A. 6　　　　　　　B. 8　　　　　　　C. 10　　　　　　D. 12

6. 若有以下程序：

```c
struct test
{
    int ml;char m2;float m3;
    union uu {char ul[5]; int u2[2];} ua;
}myaa;
```

则 sizeof(struct test)的值是（　　　）。

A. 17　　　　　　B. 22　　　　　　C. 14　　　　　　D. 9

7. 若有以下程序：

```c
struct student
{
    int age;
    int num;
}std,*p;
p=&std;
```

则以下对结构体变量 std 中成员 age 的引用方式不正确的是（　　　）。

A. std.age　　　B. p->age　　　C. (*p).age　　　D. *p.age

8. 以下对 C 语言中共用体变量的叙述正确的是（　　　）。

A. 可以对共用体变量名直接赋值

B. 一个共用体变量中可以同时存放所有成员

C．一个共用体变量中不能同时存放所有成员

D．在共用体类型的定义中不能出现结构体成员

9．有以下程序：

```
struct sk
{
    int a;
    float b;
}data;
int *p;
```

若要使指针变量 p 指向结构体变量 data 中的成员 a，则以下正确的赋值语句是（   ）。

A．p=&a;   B．p=data.a;   C．p=&data.a;   D．*p=data.a;

10．以下程序的运行结果是（   ）。

```
# include <stdio.h>
# include <stdlib.h>
int main()
{
    union
        {
            unsigned int n;
            unsigned char c;
        }u1;
    u1.c='A';
    printf("%c\n",u1.n);
    system("pause");
    return 0;
}
```

A．出错   B．随机值   C．A   D．65

二、程序阅读题

1．以下程序的运行结果是（   ）。

```
# include <stdio.h>
# include <stdlib.h>
# include <string.h>
union pw
{
    int i;
    char ch[2];
}a;
int main()
{
    a.ch[0]=13;
    a.ch[1]=0;
```

```
    printf("%d\n", a.i);
    system("pause");
    return 0;
}
```

2. 以下程序的运行结果是（　　　　）。

```
# include <stdio.h>
# include <stdlib.h>
typedef union
{
    long a[2];
    int b[4];
    char c[8];
}TY;
TY our;
int main()
{
    printf("%d\n",sizeof(our));
    system("pause");
    return 0;
}
```

3. 以下程序的运行结果是（　　　　）。

```
# include <stdio.h>
# include <stdlib.h>
int main()
{
    struct EXAMPLE
    {
        struct
        {
            int x;
            int y;
        }in;
        int a;
        int b;
    }e;
    e.a=1;e.b=2;
    e.in.x=e.a*e.b;
    e.in.y=e.a+e.b;
    printf("%d,%d",e.in.x,e.in.y);
    system("pause");
    return 0;
}
```

三、填空题

1. 以下程序的功能是输出结构体变量 bt 所占存储单元的字节数。请在____内填入正确的内容。

```
struct ps
{
double i;
    char arr[20];
};
void main()
{
struct ps bt;
    printf("bt size: %d\n",_____)
}
```

2. 以下程序的功能是统计链表中节点的个数，其中 first 为指向第一个节点的指针变量。请在____内填入正确的内容。

```
struct link
{
char data;
struct link*next;
};
...
struct link *p,* first;
int c=0;
p=first;
while(_____)
{
_____;
p=_____;
}
```

3. 请在____内填入运行以下程序能够正确输出的变量及相应格式说明。

```
    union
{
    int n;
    double x;
}num;
num.n=10;
num.x=10.5;
printf("_____",_____);
```

四、编程题

1. 试利用指向结构体的指针编写一个程序，实现输入 3 个学生的学号、期中考试数学成绩和期末考试数学成绩，计算出平均成绩并输出成绩表。

2．建立一个带有头节点的单向链表，通过键盘输入链表节点中的数据，当输入的数据为-1时，输入结束。

3．已知 head 指向双向链表的第一个节点。链表中的每个节点都包含数据域（info）、后继元素指针域（next）和前驱元素指针域（pre）。请编写 printl 函数程序实现从头到尾输出这一双向链表。

11.6　习题答案

一、选择题

1．A　　2．A　　3．C　　4．C　　5．D　　6．A　　7．D　　8．C　　9．C　　10．A

二、程序阅读题

1．13

2．16

3．2,3

三、填空题

1. sizeof(struct ps)

2. p!=NULL　　　　C++　　　　p->next

3. %lf　　　　num.x

四、编程题

1．代码如下：

```c
# include <stdio.h>
# include <stdlib.h>
struct stu
{
    int num;
    int mid;
    int end;
    int ave;
}a[3];
```

```
void main()
{
    int s;
    for(s=0;s<3;s++)
    {
        scanf("%d%d%d",&(a[s].num),&(a[s].mid),&(a[s].end));
        a[s].ave=(a[s].mid+a[s].end)/2;
    }
    for(s=0;s<3;s++)
    {
        printf("%d %d %d %d\n",a[s].num,a[s].mid,a[s].end, a[s].ave);
    }
    system("pause");
}
```

2. 代码如下：

```
# include <stdio.h>
# include <stdlib.h>
struct list
{
    int data;
    struct list*next;
};
struct list*creatlist()
{
    struct list *p,*q,*ph;
    int a;
    ph=(struct list * ) malloc(sizeof(struct list));
    p=q=ph;
    printf("input an integer number,enter -1 to the end: \n");
    scanf("%d",&a);
    while(a!=-1)
    {
        p=(struct list * ) malloc(sizeof(struct list));
        p->data=a;
        q->next=p;
        q=p;
        scanf("%d",&a);
    }
    p->next='\0';
    return(ph);
}
int main()
{
    struct list *head;
    head= creatlist();
```

```
    system("pause");
    return 0;
}
```

3．代码如下：

```
# include <stdio.h>
struct student
{
    int info;
    struct student *pre;
    struct student *next;
};
void printl(struct student *head)
{
    struct student *p;
    printf("\n the likelist is : ");
    p=head;
    if(head!=NULL)
        do
        {
            printf("%d",p->info);
            p=p->next;
        }while(p!=NULL);
    printf("\n");
}
```

文　件

12.1 实验目的

（1）了解文件和文件指针的概念，以及定义文件的方法。

（2）掌握文件的打开与关闭的概念及方法。

（3）熟练使用文件操作函数。

12.2 实验准备

（1）复习 C 语言中的指针、结构体等内容。

（2）复习 C 语言中文件和文件指针的概念。

（3）复习文件读取、写入的方法。

（4）复习 C 语言中文件的打开与关闭的方法，以及各种文件操作函数的使用方法。

12.3 实验内容

12.3.1 基础训练

训练 1：文件的打开与关闭

以下程序的功能是使用 fopen 函数和 fclose 函数分别打开与关闭文件。

代码如下：

```c
#include <stdio.h>
#include <stdlib.h>
int main()
{
```

```
    FILE *fp;
    char fileName[20];
    printf("please input filename:\n");
    scanf("%s", fileName);
    //打开文件，对返回值的文件指针类型进行空指针的判断
    if ((fp = fopen(fileName, "r")) == NULL)
    {
        printf("Can't open file!\n");
        exit(0);        //如果不能打开指定文件，那么退出程序
    }
    else
    {
        printf("%s was opened!\n", fileName);
    }
    fclose(fp);         //与 fopen 函数一一对应
    printf("%s was closed!\n", fileName);
    system("pause");
    return 0;
}
```

运行结果如图 12.1 所示。

图 12.1　训练 1 的运行结果

分析：

使用 fopen 函数打开文件会返回一个文件指针，一旦文件打开成功，后续就一定要使用 fclose 函数关闭打开的文件。

训练 2：将数据写入磁盘文件

以下程序的功能是使用 fputc 函数将数据写入磁盘文件，使用 fgetc 函数读取该磁盘文件，将数据读入内存。

代码如下：

```
#include <stdio.h>
#include <stdlib.h>
int main()
{
    FILE *fp;
    char fileName[20];
    char getChar;
```

```
char putCh[100];
int i = 0;
printf("Please input the filename: \n");
scanf("%s", fileName);
/*打开文件, 对返回值的文件指针类型进行空指针的判断*/
if((fp = fopen(fileName, "w")) == NULL)
{
    printf("Can't open file\n");
    exit(0);          /*如果不能打开指定文件, 那么退出程序*/
}else{
    printf("%s was opened!\n", fileName);
}
printf("Writing %s\n", fileName);
for(i = 0; i<10; i++)
{
    scanf("%c", &putCh[i]);
    fputc(putCh[i], fp);
}
fclose(fp);           /*与 fopen 函数一一对应*/
/*打开文件, 对返回值的文件指针类型进行空指针的判断*/
if ((fp = fopen(fileName, "r")) == NULL)
{
    printf("Can't open file!\n");
    exit(0);          //如果不能打开指定文件, 那么退出程序
}else{
    printf("%s was opened!\n", fileName);
}
printf("Reading %s\n", fileName);
for(i = 0; (getChar = fgetc(fp)) != EOF; i++)
{
    putchar(getChar);
}
fclose(fp);
system("pause");
return 0;
}
```

运行结果如图 12.2 所示。

图 12.2　训练 2 的运行结果

分析：

需要注意 fopen 函数与 fclose 函数的使用，以及 fputc 函数与 fgetc 函数的使用。在使用 fopen 函数打开文件时，应该判断文件是否打开失败。经 10 次循环，使用 fputc 函数将字符写入文件。同样，在读取文件时，使用 fgetc 函数读取字符进行输出。

训练 3：从磁盘文件中读取数据

以下程序的功能是使用 fprintf 函数将数据写入磁盘文件，使用 fscanf 函数读取该文件，将数据读入内存。

代码如下：

```c
#include<stdio.h>
#include<stdlib.h>
#define N 2
struct stu{
    char name[10];
    int num;
    int age;
    float score;
} boya[N], boyb[N], *pa, *pb;
int main(){
    FILE *fp;
    int i;
    pa=boya;
    pb=boyb;
    if((fp=fopen("D:\\demo.txt","wt+")) == NULL ){
        puts("Fail to open file!");
        exit(0);
    }
    /*读入数据，保存到 boya 中*/
    printf("Input data:\n");
    for(i=0; i<N; i++,pa++){
        scanf("%s %d %d %f", pa->name, &pa->num, &pa->age, &pa->score);
    }
    pa = boya;
    /*将 boya 中的数据写入磁盘文件*/
    for(i=0; i<N; i++,pa++){
        fprintf(fp,"%s %d %d %f\n", pa->name, pa->num, pa->age, pa->score);
    }
    //重置文件指针
    rewind(fp);
    /*从磁盘文件中读取数据，将其保存到 boyb 中*/
    for(i=0; i<N; i++,pb++){
        fscanf(fp, "%s %d %d %f\n", pb->name, &pb->num, &pb->age, &pb->score);
    }
    pb=boyb;
```

```
/*将boyb中的数据输出*/
for(i=0; i<N; i++,pb++){
    printf("%s\t%d\t%d\t%f\n", pb->name, pb->num, pb->age, pb->score);
}
fclose(fp);
system("pause");
return 0;
}
```

运行结果如图 12.3 所示。

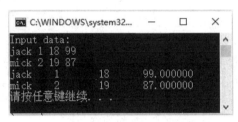

图 12.3　训练 3 的运行结果

📖 **分析:**

fscanf 函数和 fprintf 函数与前面使用的 scanf 函数和 printf 函数的功能相似，二者的区别在于 fscanf 函数和 fprintf 函数的读写对象不是键盘和显示器，而是磁盘文件。fprintf 函数用于返回成功写入的字符的个数，若失败则返回负数。fscanf 函数用于返回参数列表中被成功赋值的参数的个数。

打开 D:\\demo.txt 文件，会发现该文件的内容是可以阅读的，格式非常清晰。使用 fprintf 函数和 fscanf 函数读写配置文件、日志文件会非常方便，不但能够识别程序，而且用户更易懂，用户可以手动修改。

如果将 fp 属性的值设置为 stdin，那么 fscanf 函数将会通过键盘读取数据，与 scanf 函数的作用相同；如果将 fp 属性的值设置为 stdout，那么 fprintf 函数将会通过显示器输出内容，与 printf 函数的作用相同。

例如:

```
#include<stdio.h>
#include<stdlib.h>
int main(){
    int a, b, sum;
    FILE *fp;
    fp = stdout;
    fprintf(fp, "Input two numbers: ");
    fp = stdin;
    fscanf(fp, "%d %d", &a, &b);
    sum = a + b;
    fprintf(stdout, "sum=%d\n", sum);
    system("pause");
```

```
    return 0;
}
```

程序的运行结果为：

```
Input two numbers: 3 5✓
sum=8
```

12.3.2　进阶训练

进阶 1：同时读写磁盘文件中的数据

已知有 3 个运动员进行体操比赛，3 个裁判打分，要求通过键盘输入数据（包括运动员的编号、姓名、3 个裁判打的分数），并且计算出每个运动员的平均成绩，将原有数据和平均成绩保存到数组 gym 中。使用 fwrite 函数将数据写入磁盘文件，使用 fread 函数读取该文件，将数据读入内存。上机调试并验证程序。

代码如下：

```
#include <stdio.h>
#include <stdlib.h>
struct gymnast
{
    char num[10];
    char name[10];
    float score[3];
    float ave;
}gym[3], sport[3];
int main()
{
    FILE *fp;
    int i;
    for (i = 0; i<3; i++)
    {
        printf("NUMBER: "); scanf("%s", gym[i].num); putchar('\n');
        printf("NAME:   "); scanf("%s", gym[i].name); putchar('\n');
        printf("SCORE 1: "); scanf("%f", &gym[i].score[0]); putchar('\n');
        printf("SCORE 2: "); scanf("%f", &gym[i].score[1]); putchar('\n');
        printf("SCORE 3: "); scanf("%f", &gym[i].score[2]); putchar('\n');
    }
    for (i = 0; i<3; i++)
    {
        gym[i].ave = (gym[i].score[0] + gym[i].score[1] + gym[i].score[2]) / 3;
    }
    if ((fp = fopen("gym.txt", "w")) == NULL)
    {
        printf("Can't open file\n");
        exit(0);//如果不能打开指定文件，那么退出程序
```

```
    }
    for (i = 0; i<3; i++)
    {
        fwrite(&gym[i], sizeof(struct gymnast), 1, fp);
    }
    fclose(fp);
    if ((fp = fopen("gym.txt", "r")) == NULL)
    {
        printf("Can't open file\n");
        exit(0);//如果不能打开指定文件, 那么退出程序
    }
    for (i = 0; i<3; i++)
    {
        fread(&sport[i], sizeof(struct gymnast), 1, fp);
        printf("\n%s  %s  %f  %f  %f  %f\n", sport[i].num, sport[i].name,
sport[i].score[0],
            sport[i].score[1], sport[i].score[2], sport[i].ave);
    }
    fclose(fp);
    system("pause");
    return 0;
}
```

进阶 2: 磁盘文件的读写与内存的交换

已知有 3 个运动员进行体操比赛, 3 个裁判打分, 要求通过键盘输入数据 (包括运动员的编号、姓名、3 个裁判打的分数), 并且计算出每个运动员的平均成绩, 将原有数据和平均成绩保存到数组 gym 中。使用 fwrite 函数将数据写入磁盘文件, 使用 fread 函数读取该文件, 使用 rewind 函数定位文件指针, 将数据读入内存。上机调试并验证程序。

代码如下:

```
#include <stdio.h>
#include <stdlib.h>
struct gymnast
{
    char num[10];
    char name[10];
    float score[3];
    float ave;
}gym[3], athlete;
int main()
{
    FILE *fp;
    int i;
    for (i = 0; i<3; i++)
    {
```

```
        printf("NUMBER: "); scanf("%s", gym[i].num); putchar('\n');
        printf("NAME:   "); scanf("%s", gym[i].name); putchar('\n');
        printf("SCORE 1: "); scanf("%f", &gym[i].score[0]); putchar('\n');
        printf("SCORE 2: "); scanf("%f", &gym[i].score[1]); putchar('\n');
        printf("SCORE 3: "); scanf("%f", &gym[i].score[2]); putchar('\n');
    }
    for (i = 0; i<3; i++)
    {
        gym[i].ave = (gym[i].score[0] + gym[i].score[1] + gym[i].score[2]) / 3;
    }
    if ((fp = fopen("gym.txt", "w+")) == NULL)
    {
        printf("Can't open file\n");
        exit(0);//如果不能打开指定文件，那么退出程序
    }
    for (i = 0; i<3; i++)
    {
        fwrite(&gym[i], sizeof(struct gymnast), 1, fp);
    }
    rewind(fp);
    fread(&athlete, sizeof(struct gymnast), 1, fp);
    printf("\nTAKEN FROM the FILE: %s %s %f %f %f %f\n", athlete.num, ath-
lete.name, athlete.score[0],
        athlete.score[1], athlete.score[2], athlete.ave);
    fseek(fp, 2 * sizeof(struct gymnast), SEEK_SET);
    fread(&athlete, sizeof(struct gymnast), 1, fp);
    printf("\nTAKEN FROM the FILE: %s %s %f %f %f %f\n", athlete.num, ath-
lete.name, athlete.score[0],
        athlete.score[1], athlete.score[2], athlete.ave);
    fclose(fp);
    system("pause");
    return 0;
}
```

进阶 3：综合实训项目

本项目中的数据都是要被保存到文件中的，要求实现将数据保存到文件中，从文件中读取数据到内存的处理函数中。

参考方案如下。

这里只是以保存学生成绩为例，其他程序类似，用户可以自行完成。

```
/*从文件中取得学生成绩，将其组建成链表*/
void loadStudentScorelink()
{
    StudentScore node;
    FILE *fp;
    studentScoreNode *pre, *q;
```

```
    if ((fp = fopen("StudentScoreIst.a", "rt")) == 0)
    {
        printf("\n 文件打不开, 不能加载学生成绩!");
        getch();
        return;
    }
    sscNodeHead = NULL;
    fread(&node, sizeof(StudentScore), 1, fp);
    while (!feof(fp))
    {
        if (sscNodeHead == NULL)
        {
            sscNodeHead = (studentScoreNode*)malloc(sizeof(studentScoreNode));
            sscNodeHead->data = node;
            sscNodeHead->next = NULL;
            pre = sscNodeHead;
        }
        else
        {
            q = (studentScoreNode *)malloc(sizeof(studentScoreNode));
            pre->next = q;
            q->data = node;
            q->next = NULL;
            pre = q;
        }
        fread(&node, sizeof(StudentScore), 1, fp);
    }
    fclose(fp);
}
//保存学生成绩到文件中
void flushStudentScore()
{
    FILE *fp;
    studentScoreNode *pre;
    if ((fp = fopen("StudentScoreIst.a", "w")) == 0)
    {
        printf("\n 文件打不开, 不能保存学生成绩!");
        getch();
        return;
    }
    if (sscNodeHead == NULL)
    {
        printf("\n 没有学生成绩, 不能保存! \n");
        return;
    }
    pre = sscNodeHead;
```

```
    while (pre != NULL)
    {
        fwrite(&pre->data, sizeof(StudentScore), 1, fp);
        pre = pre->next;
    }
    fclose(fp);
}
```

12.3.3　深入思考

（1）通过键盘输入一个字符串，并将其以文件形式保存到磁盘上，磁盘文件名为 file1.dat。

（2）通过磁盘文件 file1.dat 读入一行字符，并将其中的所有小写字母改为大写字母，输出到磁盘文件 file2.dat 中。

（3）已知有两个文本文件，要求从这两个文本文件中读取各行字符，逐个比较这两个文本文件中相应行和列上的字符，如果遇到互不相同的字符，那么输出它是第几行第几列的字符。

（4）已知有 3 个运动员进行体操比赛，3 个裁判打分，要求通过键盘输入数据（包括运动员的编号、姓名、3 个裁判打的分数），并且计算出每个运动员的平均成绩，将原有数据和平均成绩保存到数组 gym 中，按照运动员平均成绩从高到低的顺序插入，并存入数组 gymSort。

12.4　章节要点

1．基础知识点

（1）记录在外部介质上的数据的集合被称为文件。数据可以按文本形式或二进制形式存放在介质上，文件可以按数据的存放形式分为文本文件和二进制文件。二进制文件的输入输出速度较快一些。

（2）对文件的输入输出方式被称为存取方式。在 C 语言中，有两种存取方式，即顺序存取、直接存取。顺序存取的特点是：每当打开这类文件进行读取或写入操作时，总是从文件开头进行读取或写入。直接存取的特点是：可以通过调用库函数指定文件读取或写入的起始位置，并直接从此位置开始进行读取或写入。

（3）文件指针是一个指向结构体类型名为 FILE 的指针。对文件的打开、关闭、读取、写入等操作都必须借助文件指针来完成。例如：FILE *fp;，表示定义了一个 FILE 结构体类型的文件指针。

（4）文件位置指针只是一个形象化的概念，用来表示当前读取或写入的数据在文件中的位置。读取或写入操作总是从文件位置指针所指的位置开始。

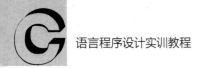

2．文件操作类库函数

文件操作类库函数都定义在头文件 stdio.h 中。

（1）fopen 函数和 fclose 函数——打开、关闭文件。

函数调用形式：

```
文件指针 =  fopen(文件名,文件使用方式);
          fclose(文件指针);
```

说明：fopen 函数参数的文件名和文件使用方式都是字符串。该函数调用成功后即返回一个 FILE 类型指针。当对文件的读取、写入操作完成之后，必须调用 fclose 函数关闭文件。

（2）fscanf 函数和 fprintf 函数——格式化输入、输出。

函数调用形式：

```
fscanf(文件指针,  格式控制字符串,  输入项列表);
fprintf(文件指针,  格式控制字符串,  输出项列表);
```

说明：fscanf 函数用于从文件中读取格式化数据，fprintf 函数用于将格式化数据输出到文件中。这两个函数的功能与 scanf 函数、printf 函数的功能相似。

（3）fgetc 函数和 fputc 函数——输入、输出一个字符，也可写成 getc 函数和 putc 函数。

函数调用形式：

```
ch = fgetc(文件指针);   //ch 是一个字符型变量
fputc(ch, 文件指针);
```

说明：fgetc（或 getc）函数用于从文件中读取一个字符，fputc（或 putc）函数用于将一个字符输出到文件中。这两个函数的功能与 getchar 函数、putchar 函数的功能相似。

（4）fgets 函数和 fputs 函数——输入、输出一个字符串。

函数调用形式：

```
fgets(str, n,文件指针);   //str 是字符串的起始地址, n 表示读取字符串的长度
fputs(str, 文件指针);
```

说明：fgets 函数用于从文件中读取一个字符串，fputs 函数用于将一个字符串输出到文件中。fgets 函数最多只能从文件中读取 n-1 个字符，读取结束后，系统将自动添加'\0'。这两个函数与 gets 函数、puts 函数的功能相似。

（5）fread 函数和 fwrite 函数——读取、写入二进制文件。

函数调用形式：

```
fread(buffer, size, count, 文件指针);
fwrite(buffer, size, count, 文件指针);
```

说明：buffer 表示数据块的指针，输入或准备输出的数据存放在此参数中；size 表示每个数据块的字节数；count 用来指定每次读取、写入数据块的个数。fread 函数和 fwrite 函数只能读取、写入二进制文件，不能读取、写入文本文件。

（6）feof 函数——判断二进制文件是否结束，如果结束那么返回 1，否则返回 0。

函数调用形式：

```
feof(文件指针);
```

说明：文本文件以 EOF（相当于-1）作为结束标志。二进制文件没有明显的结束标志，判断二进制文件是否结束必须调用 feof 函数。

（7）fseek 函数——移动文件位置指针到指定位置上，接着的读操作或写操作就从此位置开始。

函数调用形式：

```
fseek(文件指针, offset, origin);
```

说明：offset 表示以字节为单位的位移量，数据类型为长整型；origin 表示起始点，用以指定位移量是以哪个位置为基准的，起始点既可以用标识符来表示，又可以用数字来表示。

（8）ftell 函数——获得当前文件位置指针所指的位置。ftell 函数的返回值的数据类型是长整型，表示当前位置指针相对于文件开头的字节数。

函数调用形式：

```
t = ftell(文件指针);  //t 是一个长整型变量
```

（9）rewind 函数——又称"反绕"函数。

函数调用形式：

```
rewind(文件指针);
```

说明：rewind 函数用于使文件位置指针返回文件开头。

12.5 课后习题

一、选择题

1．系统的标准输入设备是（　　）。

    A．键盘　　　　　　B．显示器　　　　　　C．软盘　　　　D．硬盘

2．以下可以作为 fopen 函数中第一个参数的正确格式是（　　）。

    A．c:user\text.txt　　　　　　　　　　B．c:\user\text.txt

    C．"c:\user\text.txt"　　　　　　　　D．"c:\\user\\text.txt"

3．若要用 fopen 函数打开一个新二进制文件，且该二进制文件要既能读又能写，则用于打开该二进制文件的字符串应是（　　）。

    A．"ab+"　　　　　　B．"wb+"　　　　　　C．"rb+"　　　　D．"ab"

4．假设已定义 fp，执行语句 fp=fopen("file","w");后，以下针对文本文件的操作的叙述中正确的是（　　）。

    A．写入操作结束后可以从头开始读取　　B．只能写入不能读取

    C．可以在原有内容后追加写入　　　　　D．可以随意读取和写入

5. 若用"a+"方式打开一个已存在的文件，则以下叙述中正确的是（　　）。

    A．在打开文件时，原文件中的内容不被删除，位置指针移动到文件末尾，可以作为添加和读取操作

    B．在打开文件时，原文件中的内容不被删除，位置指针移动到文件开头，可以作为重写和读取操作

    C．在打开文件时，原文件中的内容被删除，只可以作为写入操作

    D．以上说法均不正确

6. 当顺利执行了关闭文件的操作后，fclose 函数的返回值是（　　）。

    A．−1   B．TRUE   C．0   D．1

7. 已知函数的调用形式为 fread(buffer,size,countb,fp);，其中 buffer 代表的是（　　）。

    A．一个整型变量，即要读取的数据项总数

    B．一个文件指针，指向要读取的文件

    C．一个指针，指向要读入数据的存放地址

    D．一个存储区，存放要读取的数据项

8. fscanf 函数的正确调用形式是（　　）。

    A．fscanf(fp,格式控制字符串,输出项列表);

    B．fscanf(格式控制字符串,输出项列表,fp);

    C．fscanf(格式控制字符串,文件指针,输出项列表);

    D．fscanf(文件指针,格式控制字符串,输出项列表);

9. fgetc 函数的作用是从文件中读取一个字符，该文件的打开方式必须是（　　）。

    A．只写   B．追加

    C．读或读写   D．B 和 C

10. 若调用 fputc 函数输出字符成功，则其返回值是（　　）。

    A．EOF   B．1   C．0   D．输出的字符

11. 若 fp 是指向某个文件的指针，且已读到该文件末尾，则 C 语言程序中 feof(fp)的返回值是（　　）。

    A．EOF   B．−1   C．非 0 的值   D．NULL

12. 以下不能用于向文件中写入数据的是（　　）函数。

    A．ftell   B．fwrite   C．fputc   D．fprintf

13. 在 C 语言程序中，可以把整数以二进制形式存放到文件中的是（　　）函数。

    A．fprintf   B．fread   C．fwrite   D．fputc

14. 以下程序的运行结果是（　　）。

```c
#include <stdio.h>
#include <stdlib.h>
int main()
{
```

```
    FILE *fp;
    int k, n, a[6] = { 1,2,3,4,5,6 };
    fp = fopen("d2.dat", "w");
    fprintf(fp, "%d%d%d\n", a[0], a[1], a[2]);
    fprintf(fp, "%d%d%d \n", a[3], a[4], a[5]);
    fclose(fp);
    fp = fopen("d2.dat", "r");
    fscanf(fp, "%d%d", &k, &n);
    printf("%d%d\n", k, n);
    fclose(fp);
    system("pause");
    return 0;
}
```

    A. 12   B. 14   C. 1234   D. 123456

15. 以下程序的运行结果是（   ）。

```
#include <stdio.h>
#include <stdlib.h>
int main()
{
    FILE *fp;
    int i, a[6] = { 1,2,3,4,5,6 };
    fp = fopen("d3.dat", "w+b");
    fwrite(a, sizeof(int), 6, fp);
    /*使读取文件的位置指针从文件开头向后移动 3 个整型数据*/
    fseek(fp, sizeof(int) * 3, SEEK_SET);
    fread(a, sizeof(int), 3, fp);
    fclose(fp);
    for (i = 0; i<6; i++)
        printf("%d,", a[i]);
    system("pause");
    return 0;
}
```

    A. 4,5,6,4,5,6,   B. 1,2,3,4,5,6,

    C. 4,5,6,1,2,3,   D. 6,5,4,3,2,1,

16. 以下程序的运行结果是（   ）。

```
#include <stdio.h>
#include <stdlib.h>
int main()
{
    FILE *fp;
    int k, n, I, a[6] = { 1,2,3,4,5,6 };
    fp = fopen("d4.dat", "w");
    for (int i = 0; i<6; i++) fprintf(fp, "%d\n", a[i]);
    fclose(fp);
```

```
fp = fopen("d4.dat", "r");
for (int i = 0; i<3; i++) fscanf(fp, "%d%d", &k, &n);
fclose(fp);
printf("%d,%d\n", k, n);
system("pause");
return 0;
}
```

  A. 1,2   B. 3,4   C. 5,6   D. 123,456

17. 以下程序的运行结果是（   ）。

```
#include <stdio.h>
#include <stdlib.h>
int main()
{
    FILE *fp; char str[10];
    fp = fopen("myfile.dat", "w"); fputs("abc", fp);
    fclose(fp);
    fp = fopen("myfile.dat", "a+");
    rewind(fp);
    fscanf(fp, "%s", str);
    puts(str);
    system("pause");
    return 0;
}
```

  A. abc   B. 28c

  C. abc28   D. 因数据类型不一致而出错

18. 以下关于 C 语言文件的叙述中正确的是（   ）。

  A. 由一系列数据依次排列组成，只能构成二进制文件

  B. 由结构序列组成，可以构成二进制文件或文本文件

  C. 由数据序列组成，可以构成二进制文件或文本文件

  D. 由字符序列组成，只能是文本文件

19. fgets(s, n, f)的功能是（   ）。

  A. 从 f 文件中读取长度为 n 的字符串存入指针 s 所指的内存

  B. 从 f 文件中读取长度不超过 n-1 的字符串存入指针 s 所指的内存

  C. 从 f 文件中读取 n 个字符串存入指针 s 所指的内存

  D. 从 f 文件中读取长度为 n-1 的字符串存入指针 s 所指的内存

二、程序阅读题

1. 以下程序的运行结果是（   ）。

```
#include <stdio.h>
#include <stdlib.h>
```

```
int main()
{
    FILE *fp;
    int k, n, a[6] = { 1,2,3,4,5,6 };
    fp = fopen("d2.dat", "w");
    fprintf(fp, "%d%d%d\n", a[0], a[1], a[2]);
    fprintf(fp, "%d%d%d\n", a[3], a[4], a[5]);
    fclose(fp);
    fp = fopen("d2.dat", "r ");
    fscanf(fp, "%d%d", &k, &n);
    printf("%d%d\n", k, n);
    fclose(fp);
    system("pause");
    return 0;
}
```

2. 以下程序的运行结果是（　　　）。

```
#include <stdio.h>
#include <stdlib.h>
int main()
{
    FILE *fp;
    int k, n, i, a[6] = { 1,2,3,4,5,6 };
    fp = fopen("d2.dat", "w");
    for (i = 0; i<6; i++) fprintf(fp, "%d\n", a[i]);
    fclose(fp);
    fp = fopen("d2.dat", "r");
    for (i = 0; i<3; i++) fscanf(fp, "%d%d", &k, &n);
    fclose(fp);
    printf("%d,%d\n", k, n);
    system("pause");
    return 0;
}
```

3. 以下程序的运行结果是（　　　）。

```
#include <stdio.h>
#include <stdlib.h>
int main()
{
    FILE *fp; int x[6] = { 1,2,3,4,5,6 }, i;
    fp = fopen("test.dat", "wb");
    fwrite(x, sizeof(int), 3, fp);
    rewind(fp);
    fread(x, sizeof(int), 3, fp);
    for (i = 0; i<6; i++)printf("%d", x[i]);
    printf("\n");
    fclose(fp);
```

```
    system("pause");
    return 0;
}
```

4. 以下程序的运行结果是（　　　　）。

```
#include <stdio.h>
#include <stdlib.h>
#include <string.h>
int main()
{
    char *p; int i;
    p = (char *)malloc(sizeof(char) * 20);
    strcpy(p, "welcome");
    for (i = 6; i >= 0; i--)  putchar(*(p + i));
    printf("\n");
    free(p);
    system("pause");
    return 0;
}
```

三、填空题

1. 假设有定义 FILE *fw;，请将以下用于打开文件的语句补充完整，以便可以向 readme.txt 文件末尾续写内容。

```
fw=fopen("readme.txt",_____);
```

2. 以下程序的功能是从 filea.dat 文件中逐个读取字符并将读取的字符输出到屏幕上。请在_____内填入正确的内容。

```
#include <stdio.h>
#include <stdlib.h>
int main()
{
FILE * fp; char ch;
    fp=fopen(_____) ;
    ch=fgetc(fp) ;
    while(_____(fp)) {putchar(ch) ; ch=fgetc(fp) ;}
    putchar('\n');
fclose(fp);
system("pause");
return 0;
}
```

3. 以下程序的功能是打开 f.txt 文件，并强调用字符输出函数将数组 a 中的字符写入其中。请在_____内填入正确的内容。

```
#include <stdio.h>
#include <stdlib.h>
```

```
int main()
{
    (_____) fp;
        char a[5] ={'1','2','3','4','5'},i;
        fp=fopen("_____","w");
        for(i=0;i<5;i++)fputc(a[i],fp)
        fclose(fp);
    system("pause");
    return 0;
}
```

4. 以下程序的功能是判断指定文件能否正常打开。请在_____内填入正确的内容。

```
#include <stdio.h>
#include <stdlib.h>
    int main()
    {
FILE*fp
        if((fp=fopen("test.txt", "r"))= =_____)
        printf("未能打开文件! \n");
        else
        printf("文件打开成功! \n");
    system("pause");
    return 0;
}
```

四、编程题

1. 已知在磁盘文件内存放职工的数据。每个职工的数据都包括职工工号、姓名、性别、年龄、住址、工资、健康状况、文化程度，要求将职工姓名、工资单独抽出来另建一个简明的职工工资文件。

2. 从上一题新建的职工工资文件中删除一个职工的数据，并将其存入原文件。

3. 要求实现对一个文件中内容的反向显示。

12.6 习题答案

一、选择题：

1. A   2. D   3. B   4. B   5. A   6. C   7. C   8. A   9. C
10. D   11. C   12. A   13. C   14. D   15. A   16. C   17. A   18. C
19. B

二、程序阅读题

1. 123456
2. 5,6
3. 123456
4. emoclew

三、填空题

1. "a"
2. "filea.dat"   !feof
3. FILE   f.txt
4. NULL

四、编程题

1. 代码如下：

```c
# include <stdio.h>
# include <stdlib.h>
# include <string.h>
struct employee
{
    char num[6];
    char name[10];
    char sex[2];
    int age;
    char addr[20];
    int salary;
    char health[8];
    char education[10];
}em[10];

struct emp
{
    char name[10];
    int salary;
}em_case[10];
void InputInfor();

int main()
{
    FILE *fp1, *fp2;
```

```
        int i, j;
        InputInfor();
        if ((fp1 = fopen("employee", "r")) == NULL)
        {
            printf("Can not open file!\n");
            exit(0);
        }

    printf("\n No,name sex age addr salary health education\n");
    for (i = 0; fread(&em[i], sizeof(struct employee), 1, fp1) != 0; i++)
    {
        printf("\n%4s%8s%4s%6d%10s%6d%10s%8s",    em[i].num,    em[i].name,
em[i].sex,
            em[i].age, em[i].addr, em[i].salary, em[i].health, em[i].educa-
tion);
        strcpy(em_case[i].name, em[i].name);
        em_case[i].salary = em[i].salary;
    }

    printf("\n\n*********************************************************");
    if ((fp2 = fopen("emp_salary", "wb")) == NULL)
    {
        printf("Can not open file!\n");
        exit(0);
    }

    for (j = 0; j<i; j++)
    {
        if (fwrite(&em_case[j], sizeof(struct emp), 1, fp2) != 1)
            printf("error!\n");
        printf("\n %12s%10d", em_case[j].name, em_case[j].salary);
    }

    printf("\n*********************************************************");
    fclose(fp1);
    fclose(fp2);
    char ch = getchar();
    system("pause");
    return 0;
}

void inputInfor()
{
    FILE *fp;
    int i;
    printf("\n No,name sex age addr salary health education\n");
```

```
    for (i = 0; i<4; i++)
        scanf("%s %s %s %d %s %d %s %s", em[i].num, em[i].name, em[i].sex,
em[i].age,
        em[i].addr, em[i].salary, em[i].health, em[i].education);
    if((fp = fopen("employee", "w")) == NULL)
    {
        printf("Can not open file!\n");
        exit(0);
    }
    for(i = 0; i<4; i++)
        if (fwrite(&em[i], sizeof(struct employee), 1, fp) != 1)
            printf("error\n");
    fclose(fp);
}
```

2. 代码如下：

```
#include <stdio.h>
#include <stdlib.h>
#include <string.h>

struct employee
{
    char name[10];
    int salary;
}emp[10];

int main()
{
    FILE *fp;
    int i, j, n, flag;
    char name[10];

    if ((fp = fopen("emp_salary", "rb")) == NULL)
    {
        printf("Can not open file!\n");
        exit(0);
    }

    printf("\n original data\n");
    for (i = 0; fread(&emp[i], sizeof(struct employee), 1, fp) != 0; i++)
    {
        printf("\n %8s  %7d ", emp[i].name, emp[i].salary);

    }
    fclose(fp);
    n = i;
```

```c
    printf("\n Input name deleted: \n");
    scanf("%s", name);

    for (flag = 1, i = 0; flag&&i<n; i++)
    {
        if (strcmp(name, emp[i].name) == 0)
        {
            for (j = i; j<n - 1; j++)
            {
                strcpy(emp[j].name, emp[j + 1].name);
                emp[j].salary = emp[j + 1].salary;
            }
            flag = 0;
        }
    }

    if (!flag)
        n = n - 1;
    else
        printf("\n not found!");
    printf("\n Now,the content of file: \n");

    if ((fp = fopen("emp_salary", "wb")) == NULL)
    {
        printf("Can not open file!\n");
        exit(0);
    }

    for (i = 0; i<n; i++)
        fwrite(&emp[i], sizeof(struct employee), 1, fp);
    fclose(fp);

    fp = fopen("emp_salary", "r");
    for (i = 0; fread(&emp[i], sizeof(struct employee), 1, fp) != 0; i++){
        printf("\n %8s %7d ", emp[i].name, emp[i].salary);
}
    printf("\n");
    fclose(fp);
    system("pause");
    return 0;
}
```

3. 代码如下：

```c
#include <stdio.h>
#include <stdlib.h>
```

```c
#define MAX 30
int main()
{
    FILE *fp;
    char str[MAX];
    char ch;
    int i;

    if ((fp = fopen("d1.dat", "r")) == NULL)    /*检测文件是否存在并且能否正确打开*/
    {
        printf("can't open the file\n");
        exit(1);
    }
    /*将文件中的字符读入内存，并统计其个数*/
    for (i = 0; (ch = fgetc(fp)) != EOF; i++)
    {
        str[i] = ch;
    }
    fclose(fp);                                  //关闭文件
    for (i--; i >= 0; i--)                       /*将文件中的内容反向显示*/
        printf("%c", str[i]);
    system("pause");
    return 0;
}
```

## 第二部分

综合模块训练

模块13

学生成绩管理系统

13.1 实验目的

（1）掌握结构体数组的基本工作原理和处理方式。

（2）会使用 C 语言对文件进行读取、修改等操作。

（3）熟练使用各种结构完成程序。

（4）了解系统命令的使用方法。

13.2 基本要求

（1）实现对学生信息输入、成绩统计、分数段统计、不及格学生筛选、优等生统计、清屏、退出功能。

（2）使用结构体嵌套结构体实现对学生信息的存储。

（3）使用文件完成数据的存储与读取，并将其自动保存，要求将结构体保存到文件中。

（4）系统制作完成后应实现如图 13.1 所示的程序主界面。

图 13.1　程序主界面

13.3　算法分析

1．数据结构

定义学生基本信息的代码如下：

```
struct fen
    {
        float c;                    //C语言
        float math;                 //高数
        float eng;                  //英语
        float dao;                  //导论
        float tiyu;                 //体育
    };
    struct stu
    {
        int num;                    //学号
        char name[10];              //姓名
        struct fen shu;             //分数
        double avr;                 //平均分
        int sort;                   //排名
    }dent[M];
```

2．函数定义

函数原型及其功能如表 13.1 所示。

表 13.1　函数原型及其功能

函数原型	功能
void SaveScore	保存成绩
void SaveAdv	保存优等生信息
void SaveGra	保存分数段
void jige	计算并显示不及格学生人数
void shuchu	输出成绩
void adv	计算并显示优等生信息
void cmp	计算并显示分数段
void main	程序入口

3．处理过程

（1）实现用户选择功能：通过用户选择来完成所需的功能。

（2）实现学生成绩统计，如图 13.2 所示。

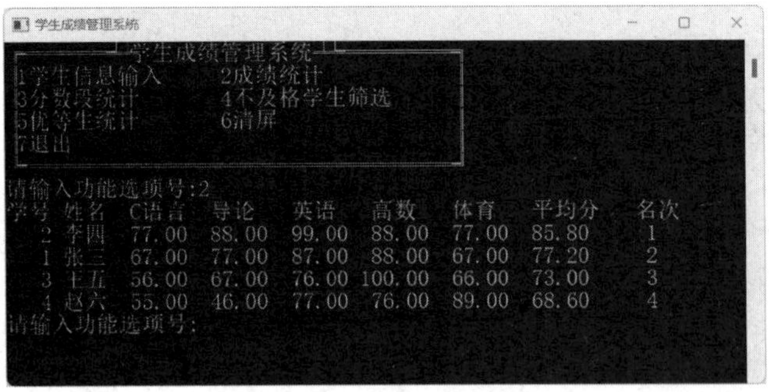

图 13.2　成绩统计

（3）实现分数段统计，如图 13.3 所示。

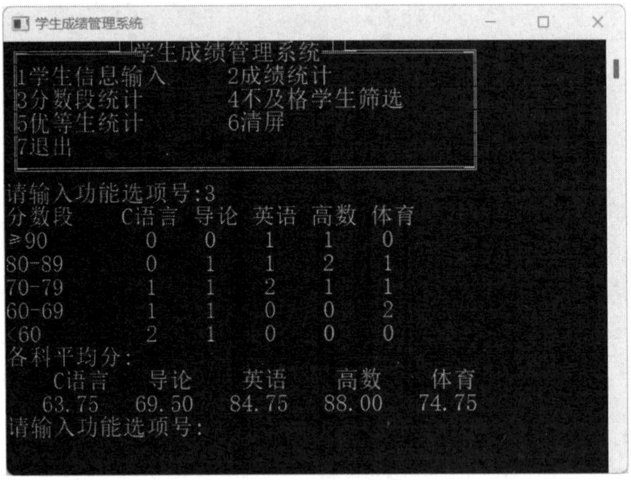

图 13.3　分数段统计

13.4　参考代码

```c
#include<stdio.h>
#include<stdlib.h>
#define M 4                              //将学生人数定义为宏
void SaveScore();
void SaveAdv();
void SaveGra(int com[][5], int n);
void jige();
void shuchu();
void adv();
void cmp();
struct fen
{
    float c;
    float math;
```

```c
        float eng;
        float dao;
        float tiyu;
    };
    struct stu
    {
        int num;
        char name[10];
        struct fen shu;
        double avr;
        int sort;
    }dent[M];

    void shuru()                              //输入成绩
    {
        int i, j, k;
        printf("请输入学号、姓名、C语言、导论、英语、高数、体育成绩\n");
        for (i = 0; i<M; i++)
            scanf("%d%s%f%f%f%f%f", &dent[i].num, dent[i].name, \
                &dent[i].shu.c,         &dent[i].shu.dao,        &dent[i].shu.eng,
&dent[i].shu.math, &dent[i].shu.tiyu);      // "\"为行连接符
        for (i = 0; i<M; i++)
            dent[i].avr = (dent[i].shu.c + dent[i].shu.dao + dent[i].shu.eng +
dent[i].shu.math + dent[i].shu.tiyu) / 5.0;
        struct stu temp;
        for (i = 0; i<M - 1; i++)
        {
            k = i;
            for (j = i + 1; j<M; j++)
                if (dent[k].avr <dent[j].avr)
                {
                    temp = dent[k]; dent[k] = dent[j]; dent[j] = temp;
                }
        }
        for (i = 0; i<M; i++)
            dent[i].sort = i + 1;
        SaveScore();
    }
    void SaveScore()
    {
        FILE *fp;
        if ((fp = fopen("file.txt", "w")) == NULL)
        {
            printf("打不开文件\n");
            return;
        }
```

```
    for (int i = 0; i<M; i++)
        if (fwrite(&dent[i], sizeof(struct stu), 1, fp) != 1)
            printf("文件写入错误\n");
    fclose(fp);
}
void cmp() //计算并显示分数段
{
    int i, j, com[5][5] = { 0 }, t[5];
    float score[5] = { 0 };
    for (i = 0; i<M; i++)
    {
        t[0] = (int)dent[i].shu.c / 10;
        t[1] = (int)dent[i].shu.dao / 10;
        t[2] = (int)dent[i].shu.eng / 10;
        t[3] = (int)dent[i].shu.math / 10;
        t[4] = (int)dent[i].shu.tiyu / 10;
        for (j = 0; j<5; j++)
            switch (t[j])
            {
            case 10:case 9:com[0][j]++; break;
            case 8:com[1][j]++; break;
            case 7:com[2][j]++; break;
            case 6:com[3][j]++; break;
            default:com[4][j]++;
            }
    }
    SaveGra(com, 25);
    printf("分数段  C语言 导论 英语 高数 体育\n");
    printf("90+   %5d%5d%5d%5d%5d\n", com[0][0], com[0][1], com[0][2],
com[0][3], com[0][4]);
    printf("80-89  %5d%5d%5d%5d%5d\n", com[1][0], com[1][1], com[1][2],
com[1][3], com[1][4]);
    printf("70-79  %5d%5d%5d%5d%5d\n", com[2][0], com[2][1], com[2][2],
com[2][3], com[2][4]);
    printf("60-69  %5d%5d%5d%5d%5d\n", com[3][0], com[3][1], com[3][2],
com[3][3], com[3][4]);
    printf("<60   %5d%5d%5d%5d%5d\n", com[4][0], com[4][1], com[4][2],
com[4][3], com[4][4]);
    for (i = 0; i<M; i++)
    {
        score[0] += dent[i].shu.c;
        score[1] += dent[i].shu.dao;
        score[2] += dent[i].shu.eng;
        score[3] += dent[i].shu.math;
        score[4] += dent[i].shu.tiyu;
    }
```

```
        printf("各科平均分:\n    C语言    导论    英语    高数    体育\n");
        for (j = 0; j<5; j++)
            printf("%8.2f", score[j] / M);
        printf("\n");


}
void SaveGra(int com[][5], int n)
{
    FILE *fp;
    int i, j;
    if ((fp = fopen("filel.txt", "wb")) == NULL)
    {
        printf("打不开文件\n");
        return;
    }
    for (i = 0; i<5; i++)
        for (j = 0; j<5; j++)
            if (fwrite(&com[i][j], 4, 1, fp) != 1)
                printf("文件写入错误\n");
    system("color 1f");
    fclose(fp);
}
void jige()//计算并显示不及格学生人数
{
    int i;
    printf("不及格学生名单:\n学号    科目    分数\n");
    for (i = 0; i<M; i++)
    {
        if (dent[i].shu.c <60)
            printf("%2d,  C语言%8.2f\n", dent[i].num, dent[i].shu.c);
        if (dent[i].shu.dao <60)
            printf("%2d,  导论%8.2f\n", dent[i].num, dent[i].shu.dao);
        if (dent[i].shu.eng <60)
            printf("%2d,英语%8.2f\n", dent[i].num, dent[i].shu.eng);
        if (dent[i].shu.math <60)
            printf("%2d,高数%8.2f\n", dent[i].num, dent[i].shu.math);
        if (dent[i].shu.tiyu <60)
            printf("%2d,体育%8.2f\n", dent[i].num, dent[i].shu.tiyu);
    }
}
void adv()//计算并显示优等生信息
{
    int i, j = 0;
    printf("优等生\n");
    printf("学号 姓名    C语言    导论    英语    高数    体育    平均分    名次\n");
    for (i = 0; i<M; i++)
```

```
            if (dent[i].avr >= 80 || (dent[i].avr >= 60 && (dent[i].shu.c >= 90 ||
dent[i].shu.dao >= 90 || \
            dent[i].shu.eng   >=   90   ||   dent[i].shu.math   >=   90   ||
dent[i].shu.tiyu >= 90)) || (dent[i].shu.c == 100 || \
            dent[i].shu.dao   ==   100   ||   dent[i].shu.eng   ==   100   ||
dent[i].shu.math == 100 || dent[i].shu.tiyu == 100))
        {
            printf("%4d%5s%7.2f%7.2f%7.2f%7.2f%7.2f%7.2lf%6d\n", dent[i].num,
dent[i].name, \
                dent[i].shu.c, dent[i].shu.dao, dent[i].shu.eng, dent[i].shu.
math, dent[i].shu.tiyu, \
                dent[i].avr, dent[i].sort);
            SaveAdv();
            j++;
        }
    printf("\n共计%d个\n", j);
}
void SaveAdv()
{
    FILE *fp;
    if ((fp = fopen("adv", "w")) == NULL)
    {
        printf("打不开文件\n");
        return;
    }
    for (int i = 0; i<M; i++)
        if (fwrite(&dent[i], sizeof(struct stu), 1, fp) != 1)
            printf("文件写入错误\n");
    system("color 4d");
    fclose(fp);
}
void shuchu()//输出成绩
{
    FILE *fp;
    if ((fp = fopen("file.txt", "r")) == NULL)
    {
        printf("打不开文件\n");
        return;
    }
    printf("学号  姓名  C语言  导论  英语  高数  体育  平均分  名次\n");
    for (int i = 0; i<M; i++)
    {
        fread(&dent[i], sizeof(struct stu), 1, fp);
        printf("%4d%5s%7.2f%7.2f%7.2f%7.2f%7.2f%7.2lf%6d\n", dent[i].num, \
            dent[i].name, dent[i].shu.c, dent[i].shu.dao, dent[i].shu.eng, \
            dent[i].shu.math, dent[i].shu.tiyu, dent[i].avr, dent[i].sort);
```

```
    }
    fclose(fp);
}
int main()
{
    int h = 0;
    void(*q)(void);//定义函数指针
    system("title 学生成绩管理系统");
    printf(" ┌───────学生成绩管理系统───────┐ \n");
    printf(" ‖1 学生信息输入      2 成绩统计          ‖ \n");
    printf(" ‖3 分数段统计        4 不及格学生筛选    ‖ \n");
    printf(" ‖5 优等生统计        6 清屏             ‖ \n");
    printf(" ‖7 退出                              ‖ \n");
    printf(" └──────────────────────────────┘ \n");

    while (h != 7)
    {
        printf("请输入功能选项号:");
        scanf("%d", &h);
        switch (h)
        {
        case 1: q = shuru;  (*q)(); break;
        case 2:q = shuchu;  (*q)(); break;
        case 3:q = cmp;  (*q)(); break;
        case 4:q = jige;  (*q)(); break;
        case 5:q = adv;  (*q)(); break;
        case 6:system("cls");
            printf(" ┌───────学生成绩管理系统───────┐ \n");
            printf(" ‖1 学生信息输入      2 成绩统计          ‖ \n");
            printf(" ‖3 分数段统计        4 不及格学生筛选    ‖ \n");
            printf(" ‖5 优等生统计        6 清屏             ‖ \n");
            printf(" ‖7 退出                              ‖ \n");
            printf(" └──────────────────────────────┘ \n");
            printf("请输入功能选项号:"); break;
        default:printf("输入不合规\n");
        }
    }
    system("pause");
    return 0;
}
```

ATM 存取款系统

14.1 实验目的

（1）掌握结构化程序设计的基本思路和方法。

（2）掌握 C 语言程序的基本概念和基础知识。

（3）读懂较为复杂的 C 语言程序并具备基本的 C 语言程序设计的能力。

（4）具备编写、调试、分析大型应用程序的能力。

（5）具备独立解决问题、查找资料的能力。

（6）掌握 C 语言程序的基本技能。

14.2 基本要求

ATM 存取款系统分为两种不同的界面，一种是注册与登录界面，另一种是登录后的功能集成界面，登录后有取款、存款、转账、修改密码、查询余额、退出 6 个选择按钮。

ATM 存取款系统的每个模块的具体功能如下。

1. 注册与登录

注册与登录界面包含注册、登录和退出 3 个选择按钮，如图 14.1 所示。注册要求用户输入用户名、身份证号码、密码，注册成功后显示用户名、身份证号码、密码和银行账号，银行账号由系统自动产生，默认从 1 开始递增；登录要求用户输入银行账号（注意不能与身份证号码重叠）和密码。登录后的功能集成界面如图 14.2 所示。

图 14.1　主界面

图 14.2　登录后的功能集成界面

2. 取款与存款

在登录成功以后，界面中出现取款、存款、转账、修改密码、查看余额和退出 6 个选择按钮。取款会减少用户账户中的金额，取出金额少于或等于用户账户中的金额。取款界面如图 14.3 所示。存款会增加用户账户中的金额，即输入存入金额后，用户账户中的金额增加。存款界面如图 14.4 所示。

图 14.3　取款界面

图 14.4　存款界面

3. 转账

转账是将某个账户中的金额转移到对方账户上。某个账户中的金额在减少的同时，对方账户中的金额增加。转账界面如图 14.5 所示。

图 14.5　转账界面

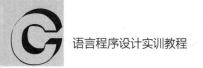

4. 修改密码

在修改密码时，需要用户先输入旧密码，核对成功后，才能修改密码。否则，返回上一界面。

5. 查询余额

查询余额是查询当前用户账户中的金额。查询余额界面如图 14.6 所示。

图 14.6 查询余额界面

14.3 算法分析

ATM 存取款系统采用链表实现，节点的数据类型为：

```
struct acc
{
    char name[21];
    char ID[21];
    unsigned BankID;
    char psw[7];
    float money;
    struct acc* next;
};
```

这样可以不用事先限定注册的个数，无限制注册。

1. 注册与登录

注册和登录可以说是本系统的核心功能，包括读取文件、写入文件和信息的对比等诸多内容。其函数原型的返回值为 int。这里说一下，以 int 作为返回值是为了将返回值赋给 main 函数的变量 choice，这样可以控制循环，比较好用。注册与登录主要从以下几步实现。

（1）建立链表，读取文件中的内容（一个单独的函数），以便后面对比。其函数原型为 struct acc*p，返回值为 return(head);，这样便于调用该函数。

（2）输入注册的账号，并进行对比。只有当该账号还没有被注册时才可以输入密码，同样亦需要两次输入的密码一样。

（3）填写其他资料，如注册的资金等。

（4）将该账户的信息添加到链表末尾并一起写入文件。使用 void Creatlist(struct acc *p) 的作用是将以 struct acc *p 开头的链表的内容写入文件。例如，若 struct acc *p 为 head，则将整个链表的内容写入文件。在其他功能的实现中基本上也是这样用的。

2．取款与存款

在取款与存款时，应先判断金额，再对金额进行修改。

```
p->money=p->money+money
p->money=p->money-money
```

3．转账

转账的前提条件是账户中有足够的金额。

```
p->money=p->money-money;//该账户中的金额减少
q->money=q->money+money;//转账过去的账户中的金额增加
while(q!=NULL)
    {
                for(j=0;j<BankID;j++)
            q=q->next;
        }
printf("转账确认? %s\n__1.确定 __2.取消:\n",q->name);
        fflush(stdin);
        scanf("%i",&choice);
        if(choice==1)
```

只有单击"确定"按钮后，才能完成转账，以免误操作。

4．修改密码

修改密码的过程如下。

（1）建立链表，读取文件中的数据。

```
p=head=tail();//读取文件中的数据
```

（2）通过链表查找登录时记录的账号。

```
if(strcmp(p->psw,psw)==0)
```

（3）输入正确的初始密码。

```
printf("请输入您的原密码: ");
scanf("%s",psw);
```

（4）将该账户的密码修改后写入文件。

```
xieru(head);
```

（5）返回操作界面。

```
return(1);
```

5. 查询余额

查询余额是查询当前用户账户中的金额。

```
p->money
```

14.4 参考代码

```cpp
#include<iostream>
#include<stdio.h>
#include<windows.h>
#include<stdlib.h>
#include<string.h>
#include<malloc.h>
#include<conio.h>

struct acc                      //保存结构体：一个账户的信息
{
    char name[21];              //用户名
    char ID[21];               //身份证号码
    unsigned BankID;           //银行账号
    char psw[7];               //密码
    float money;               //余额
    struct acc* next;          //指向下一个节点（账户）
};

int Menu1();                    //注册与登录界面
int Menu2();                    //登录后的功能集成界面
//////////////////////////////////////////////////////////函数声明
int EXIT();                     //系统退出
int Login(struct acc*& head, struct acc *&tail, struct acc*&p, unsigned* coun-
ter);
    int Regist(struct acc*& head, struct acc *&tail, struct acc *&p, unsigned*
counter);
    /////////////////////////////////////////////////////
    int GetCash(struct acc*& head, struct acc *&tail, struct acc *&p);
    int Deposit(struct acc*& head, struct acc *&tail, struct acc *&p);
    int Transfer(struct acc*& head, struct acc *&tail, struct acc *&p);
    int ModiPass(struct acc*& head, struct acc *&tail, struct acc *&p);
    int CheckAcc(struct acc*& head, struct acc *&tail, struct acc *&p);
    /////////////////////////////////////////////////////
    void CreatList(struct acc*& head, struct acc *&tail, struct acc *&p, unsigned
*counter);
    int InsertFromHead(struct acc*& head, struct acc *&tail, struct acc *&p, un-
signed *counter);
```

```
    int InsertFromTail(struct acc*& head, struct acc *&tail, struct acc *&p, un-
signed *counter);
    int CheckList(struct acc*& head, struct acc *&tail);
    int searchID(struct acc*& head, struct acc *&tail, struct acc *&p, struct acc
ID[21]);
    int SearchBankID(struct acc*& head, struct acc *&tail);
    int SearchName(struct acc*& head, struct acc *&tail);
    int SearchAcc(struct acc*& head, struct acc *&tail);
/////////////////////////////////////////////////////

    int  main()
    {
        unsigned *counter = (unsigned*)malloc(sizeof(unsigned));
        system("color 3f");
        *counter = 0;                            //账号数&账号
        int choice = 0;                          //选择按钮
        struct acc *head, *tail, *p;             //结构体
        CreatList(head, tail, p, counter);       //创造节点，包含0账号
        while (choice % 2 == 0)
        {
            choice = Menu1();
            int temp1 = 0;
            if (temp1 != 0)
            {
                system("pause");
                system("cls");
            }
            switch (choice) {
            case 1:choice = Regist(head, tail, p, counter);
                if (choice == 1) {
                    printf("注册成功:\n"); choice = 0;
                    temp1++;
                }
                else choice = 0; continue;
            case 2:choice = Login(head, tail, p, counter);
                if (choice == 4) {
                    printf("登录成功:\n"); choice = 0; break;
                }
                else choice = 0; continue;
            case 3: system("pause"); return 0;
            default: printf("请输入正确的选项(1~3)");
                temp1++;
                continue;
            }
            while (choice != 100) {
                system("pause");
```

231

```c
        system("cls");
        choice = Menu2();
        switch (choice) {
        case 1:choice = GetCash(head, tail, p); break;
        case 2:choice = Deposit(head, tail, p); break;
        case 3:choice = Transfer(head, tail, p); break;
        case 4:choice = ModiPass(head, tail, p); break;
        case 5:choice = CheckAcc(head, tail, p); break;
        case 6:choice = EXIT(); break;
        default:
            printf("输入有误");
            system("pause");
            continue;
        }
        if (choice == 100)
        {
            system("cls");
        }
        }
    }
    system("pause");
    return 0;
}

int Menu1() {
    system("cls");
    printf("\n\n\n\t\t\t  欢迎使用 ATM 取款机  \n\n");
    printf("\t===============================================\n");
    printf("\t|\t\t\t        \t\t|\n");
    printf("\t|\t\t\t1.注册    \t\t|\n");
    printf("\t|\t\t\t        \t\t|\n");
    printf("\t-----------------------------------------------\n");
    printf("\t|\t\t\t        \t\t|\n");
    printf("\t|\t\t\t2.登录     \t\t|\n");
    printf("\t|\t\t\t        \t\t|\n");
    printf("\t-----------------------------------------------\n");
    printf("\t|\t\t\t        \t\t|\n");
    printf("\t|\t\t\t3.退出     \t\t|\n");
    printf("\t|\t\t\t        \t\t|\n");
    printf("\t===============================================\n");
    printf("\n 请选择功能: ");
    int choice;
    scanf("%d", &choice);
    return choice;
}
```

```
int Menu2() {
    system("cls");
    printf("\n\n\n\t\t\t\t 功能板块\n\n");
    printf("\t================================================\n");
    printf("\t|\t        \t\t|\t\t\t  |\n");
    printf("\t|\t1. 取款\t\t|\t2. 存款\t            |\n");
    printf("\t|\t        \t\t|\t\t\t  |\n");
    printf("\t--------------------------------------------------\n");
    printf("\t|\t        \t\t|\t\t\t  |\n");
    printf("\t|\t3. 转账    \t|\t4. 修改密码          |\n");
    printf("\t|\t        \t\t|\t\t\t  |\n");
    printf("\t--------------------------------------------------\n");
    printf("\t|\t        \t\t|\t\t\t  |\n");
    printf("\t|\t5. 查询余额    \t|\t6. 退出\t            |\n");
    printf("\t|\t        \t\t|\t\t\t  |\n");
    printf("\t================================================\n");
    printf("\n 请选择功能: ");

    int choice = 20;
    scanf("%d", &choice);
    return choice;
}


int Regist(struct acc*& head, struct acc *&tail, struct acc*&p, unsigned*
counter)
    {
    p = (struct acc*)malloc(sizeof(struct acc));
    p->next = tail->next;
    p->next = NULL;
    tail->next = p;
    tail = p;
    printf("请输入用户名(最多 21 位):\n");
    fflush(stdin);
    scanf("%s", p->name);
    printf("请输入身份证号码(最多 21 位):\n");
    fflush(stdin);
    scanf("%s", p->ID);
    printf("请输入密码(最多 7 位):\n");
    fflush(stdin);
    scanf("%s", p->psw);
    p->BankID = *counter;
    *counter = *counter + 1;
    p->money = 0.0;
    printf("Your name is %s\nYour ID is %s\nYour account is NO.%d\nYour money
is %.2f\n", p->name, p->ID, p->BankID, p->money);
    system("pause");
```

```
        return 1;
    }

    int Login(struct acc*& head, struct acc *&tail, struct acc*&p, unsigned* coun-
ter)
    {
        unsigned BankID;
        char psw[7];
        printf("请输入银行账号(最多 21 位):");
        fflush(stdin);
        scanf("%d", &BankID);
        printf("%d\n", BankID);
        printf("请输入密码(最多 7 位):");
        fflush(stdin);
        scanf("%s", &psw);
        p = head;
        while (p != NULL) {
            if ((p->BankID == BankID) && (!strcmp(p->psw, psw)) == 1)
            {
                return 4;
            }
            p = p->next;
        }
        printf("密码错误，登录失败。\n");
        system("pause");
        return 2;
    }

    int GetCash(struct acc*& head, struct acc *&tail, struct acc *&p)
    {
        printf("请输入取出金额:\n");
        float money;
        fflush(stdin);
        scanf("%f", &money);
        if (p->money >= money) {
            p->money = p->money - money;
            printf("%.2f\n", p->money);
            return 1;
        }
        else
            printf("余额不足");
        printf("%f\n", p->money);
        system("pause");
        return 0;
    }
```

```c
int Deposit(struct acc*& head, struct acc *&tail, struct acc *&p)
{
    printf("请输入存入金额:\n");
    float money;
    fflush(stdin);
    scanf("%f", &money);
    p->money = p->money + money;
    printf("目前的余额为%.2f\n", p->money);
    system("pause");
    return 0;
}

int Transfer(struct acc*& head, struct acc *&tail, struct acc *&p)
{
    printf("要转账到的银行账号(最多21位):\n");
    unsigned BankID;
    int choice = 2; unsigned J;
    fflush(stdin);                          //p指向当前登录的账号
    scanf("%d", &BankID);
    struct acc *q = head;
    q = head;
    printf("%d\n", q->BankID);              //q指向要转账到的账号
    while (q != NULL) {
        for (J = 0; J<BankID; J++) {
            q = q->next;
        }
        if (q->BankID == BankID) {
            printf("%d\n", q->BankID);//
            printf("转账确认? %s\n__1.确定 __2.取消\n", q->name);
            fflush(stdin);
            scanf("%i", &choice);
            if (choice == 1) {
                printf("请输入转账金额:\n");
                float money;
                fflush(stdin);
                scanf("%f", &money);
                if (p->money >= money) {
                    p->money = p->money - money;
                    q->money = q->money + money;
                    system("pause");
                    return 1;
                }
            }return 0;
        }
        else
        {
```

```
                    printf("NO this account!__\n");
                    q = head;
                    return 0;
                }
        }
    }

    int ModiPass(struct acc*& head, struct acc *&tail, struct acc *&p)
    {
        char psw[7];
        printf("请重新输入密码: ");
        fflush(stdin);
        scanf("%s", &psw);
        if (strcmp(p->psw, psw) == 0)
        {
            printf("重置密码: ");
            fflush(stdin);
            scanf("%s", &psw);
            strcpy(p->psw, psw);
            printf("%s", p->psw);
        }
        else {
            printf("密码错误，请重新核对。\n");
            system("pause");
        }
        return 0;
    }

    int CheckAcc(struct acc*& head, struct acc *&tail, struct acc *&p)
    {
        float money;
        printf("账户余额: %.2f", p->money);
        system("pause");
        return 0;
    }

    int EXIT()
    {
        system("pause");
        return 100;
    }

    void CreatList(struct acc*& head, struct acc *&tail, struct acc *&p, unsigned*
counter)
    {
        p = (struct acc*)malloc(sizeof(struct acc));
```

```
    head = tail = p;
    tail->next = NULL;
    strcpy(p->name, "asd");
    strcpy(p->ID, "asd");
    strcpy(p->psw, "asd");
    p->BankID = *counter;
    *counter = *counter + 1;
    p->money = 0.0;
}
```

家庭财务管理系统

15.1 实验目的

通过学习前面的模块，读者对编程应该有了一个大概的了解，能够通过编程解决实际生活中的一些问题，但是对较复杂的系统，完全通过编程实现可能有些困难。通过学习本模块，可以进一步提高读者对较复杂系统的编程能力。

15.2 基本要求

家庭财务管理系统给家庭成员提供了一个管理家庭财务的平台，主要用于对家庭成员的收入信息和支出信息进行添加、查询、删除、修改等操作，并统计总收入信息和总支出信息。其主要功能需求描述如下。

（1）系统主菜单界面。在系统主菜单界面中，允许用户选择想要进行的操作，包括收入管理、支出管理、统计和退出系统等。其中，收入管理包括添加收入信息、查询收入明细、删除收入信息和修改收入信息的操作，支出管理包括添加支出信息、查询支出明细、删除支出信息和修改支出信息的操作。统计是对总收入信息和总支出信息进行统计的操作。

（2）添加收入信息的处理。用户根据提示，输入要添加的收入信息，包括日期（4位的年和月）、家庭成员姓名、金额及备注信息。输入一条要添加的收入信息后，将其暂时保存到单链表中，返回主菜单界面。

（3）查询收入明细的处理。用户根据输入的要添加的收入信息的日期，在单链表中查询要添加的收入信息。如果查询成功，那么按照预定格式显示该收入明细。如果单链表中没有该收入信息，那么给出相应的提示信息。查询结束后，提示用户是否继续查找，根据用户输入的信息进行下一步操作。

（4）删除收入信息的处理。用户根据输入的要删除的收入信息的日期，在单链表中查询要删除的收入信息。如果没有查询到任何信息，那么给出相应的提示信息。如果查询成功，那么显示该收入明细，并提示用户输入对应的序号。用户输入对应的序号后即可删除对应的收入信息，并给出删除成功的提示信息。若用户按其他键，则重新进行删除操作。

（5）修改收入信息的处理。用户根据输入的要修改的收入信息的日期，在单链表中查询要修改的收入信息。如果单链表中存在该收入信息，那么提示用户输入要修改的收入信息的日期、家庭成员姓名、金额及备注信息等，并将修改结果重新存储到单链表中。如果没有查询到要修改的收入信息，那么给出相应的提示信息。

（6）添加支出信息的处理。完成支出信息的添加，与添加收入信息的处理相似。

（7）查询支出明细的处理。完成支出明细的查询，与查询收入明细的处理相似。

（8）删除支出信息的处理。完成支出信息的删除，与删除收入信息的处理相似。

（9）修改支出信息的处理。完成支出信息的修改，与修改收入信息的处理相似。

（10）统计总收入信息和总支出信息的处理。在单链表中计算总收入信息与总支出信息，并将二者相减，得到家庭收入的结余。

（11）退出系统。

15.3　算法分析

1．功能模块的设计

（1）添加收入信息。

在主菜单界面中选择 1 时进行添加收入信息的操作，系统调用 add_income 函数添加收入信息。建立单链表，调用 input_info 函数提示用户输入要添加的收入信息，并将其存储到单链表中，输入后返回主菜单界面。

（2）查询收入明细。

在主菜单界面中选择 2 时进行查询收入明细的操作，系统调用 search_income 函数查询收入明细，调用 search_data 函数完成具体的查询操作。提示用户输入要查询收入信息的日期，如果用户输入错误，那么给出相应的出错提示信息；如果用户输入正确，那么在单链表中查询相关信息。如果查询成功，那么按照指定格式显示查询到的收入信息。每页最多显示 9 条收入信息，如果查询到的收入信息超过 9 条，那么按空格键翻页。如果没有查询到任何收入信息，那么给出相应的提示信息。查询操作结束后，提示用户是否继续进行查询操作。如果用户输入 Y 或 y，那么继续进行查询操作；否则，返回主菜单界面。

（3）删除收入信息。

在主菜单界面中选择 3 时进行删除收入信息的操作，系统调用 delete_data 函数删除收入信息。提示用户输入要删除的收入信息的日期，如果用户输入错误，那么给出相应的出错提示信息；如果用户输入正确，那么在单链表中查询相关信息。如果查询成功，那么调用 show_info 函数显示查询到的收入信息。每页最多显示 9 条收入信息，如果查询到的收

入信息超过 9 条，那么按空格键翻页，并提示用户输入要删除的收入信息的序号完成删除操作。如果查询失败，那么给出相应的提示信息。删除操作结束后，提示用户是否继续进行删除操作。如果用户输入 Y 或 y，那么继续进行删除操作；否则，返回主菜单界面。

（4）修改收入信息。

在主菜单界面中选择 4 时进行修改收入信息的操作，系统调用 update_data 函数修改收入信息。提示用户输入要修改的收入信息的日期，如果用户输入错误，那么给出相应的出错提示信息；如果用户输入正确，那么在单链表中查询相关信息。如果查询成功，那么调用 show_info 函数显示查询到的收入信息。每页最多显示 9 条收入信息，如果查询到的收入信息超过 9 条，那么按空格键翻页，并提示用户输入要修改的收入信息的序号完成修改操作。如果查询失败，那么给出相应的提示信息。修改操作结束后，提示用户是否继续进行修改操作。如果用户输入 Y 或 y，那么继续进行修改操作；否则，返回主菜单界面。

（5）添加支出信息。

在主菜单界面中选择 5 时进行添加支出信息的操作，系统调用 add_payout 函数添加支出信息。添加支出信息的操作与添加收入信息的操作相似，此处不再赘述。

（6）查询支出明细。

在主菜单界面中选择 6 时进行查询支出明细的操作，系统调用 search_payout 函数查询支出明细，调用 search_data 函数完成具体的查询操作。查询支出明细的操作与查询收入明细的操作相似，此处不再赘述。

（7）删除支出信息。

在主菜单界面中选择 7 时进行删除支出信息的操作，系统调用 delete_payout 函数删除支出信息。删除支出信息的操作与删除收入信息的操作相似，此处不再赘述。

（8）修改支出信息。

在主菜单界面中选择 8 时进行修改支出信息的操作，系统调用 update_payout 函数修改支出信息。修改支出信息的操作与修改收入信息的操作相似，此处不再赘述。

（9）统计总收入信息和总支出信息。

在主菜单界面中选择 9 时进行统计总收入信息和总支出信息的操作，系统调用 count_total 函数统计总收入信息和总支出信息。在单链表中，计算总收入信息和总支出信息，并将二者相减得到的家庭收入的结余按照一定的格式显示出来。统计操作结束后，按任意键返回主菜单界面。

（10）退出系统。

在主菜单界面中选择 0 时退出系统。系统先调用 save_to_file 函数，将单链表中的数据保存到文件中，再调用 clear_data 函数清空单链表，最后调用 quit 函数退出系统。

家庭财务管理系统的功能模块结构如图 15.1 所示。

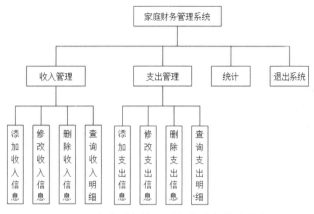

图 15.1　家庭财务管理系统的功能模块结构

2．程序处理过程

系统的执行应从系统菜单的选择开始，允许用户通过输入 0～9 中的数选择要进行的操作，输入其他字符都是无效的，系统给出相应的出错提示信息。若输入 0，则调用 quit 函数退出系统；若输入 1，则调用 add_income 函数添加收入信息；若输入 2，则调用 search_income 函数查询收入明细；若输入 3，则调用 delete_income 函数删除收入信息；若输入 4，则调用 update_income 函数修改收入信息；若输入 5，则调用 add_payout 函数添加支出信息；若输入 6，则调用 search_payout 函数查询支出明细；若输入 7，则调用 delete_payout 函数删除支出信息；若输入 8，则调用 update_payout 函数修改支出信息；若输入 9，则调用 count_total 函数统计总收入信息和总支出信息。

系统进行的主要操作是收入信息和支出信息的添加、查询、删除及修改的操作。

（1）添加操作。

建立单链表，调用 input_info 函数提示用户输入要添加的收入或支出信息，并将其存储到单链表中，输入后返回主菜单界面。

（2）查询操作。

提示用户输入要查询收入或支出信息的日期，如果用户输入错误，那么给出相应的出错提示信息；如果用户输入正确，那么在单链表中查询相关信息。如果没有查询到任何收入或支出信息，那么给出相应的提示信息；如果查询成功，那么判断查询到的收入或支出信息是否不超过 9 条，若不超过 9 条，则直接显示结果，否则按空格键翻页。

（3）删除操作。

提示用户输入要删除的收入或支出信息的日期，如果用户输入错误，那么给出相应的出错提示信息；如果用户输入正确，那么在单链表中查询相关信息。如果查询失败，那么给出相应的提示信息；如果查询成功，那么显示查询到的收入或支出信息，如果查询到的收入或支出信息超过 9 条，那么按空格键翻页，并提示用户输入要删除的收入或支出信息的序号完成删除操作。删除操作结束后，会给出相应的提示信息。

（4）修改操作。

提示用户输入要修改的收入或支出信息的日期，如果用户输入错误，那么给出相应的出错提示信息；如果用户输入正确，那么在单链表中查询相关信息。如果查询失败，那么给出相应的提示信息；如果查询成功，那么显示查询到的收入或支出信息，如果查询到的收入或支出信息超过 9 条，那么按空格键翻页，并提示用户输入要修改的收入或支出信息的序号完成修改操作。用户可以根据相应的提示信息输入要修改的收入或支出信息。

15.4 参考代码

1. 常量的定义

```
#define MAX_NAME 11          /*家庭成员姓名的最大长度*/
#define MAX_DETAIL 21        /*备注的最大长度*/
#define MENU_COUNT 9         /*菜单项的个数*/
#define DATA_FILE "fs.dat"   /*数据文件的文件名*/
```

2. 数据结构的定义

（1）自定义枚举类型 fi_type，用来表示收入信息和支出信息。

```
typedef enum _fi_type
{
    income = 1,  /*收入信息*/
    payout = -1  /*支出信息*/
}fi_type;
```

（2）结构体 fi_info，用来存储家庭财务信息。

```
typedef struct _fi_info
{
  int year;
  int month;
  fi_type type;
  char name[MAX_NAME];
  float money;
  char detail[MAX_DETAIL];
}fi_info;
```

（3）结构体 fi_data，用来存储家庭财务数据结构。

```
 typedef struct _fi_data
{
  fi_info info;
  struct _fi_data *next;
}fi_data;
```

3. 函数的声明

（1）主菜单对应的处理函数。

```
void add_income();                        /*添加收入信息*/
```

```
void search_income();                    /*查询收入明细*/
void delete_income();                    /*删除收入信息*/
void update_income();                    /*修改收入信息*/
void add_payout();                       /*添加支出信息*/
void search_payout();                    /*查询支出明细*/
void delete_payout();                    /*删除支出信息*/
void update_payout();                    /*修改支出信息*/
void count_total();                      /*统计总收入信息和总支出信息*/
void quit();                             /*退出系统*/
```

（2）主要处理函数。

```
void search_data(fi_type type);          /*查询处理*/
void delete_data(fi_type type);          /*删除处理*/
void update_data(fi_type type);          /*修改处理*/
```

（3）辅助函数。

```
void initialize();                       /*初始化系统*/
void save_to_file();                     /*将单链表中的数据存入文件*/
void clear_data();                       /*清空链表中的数据*/
fi_data *get_last();                     /*取得财务数据链表中的最后一个节点*/
fi_data *get_previous(fi_data *p);       /*取得财务数据节点 p 的前一个节点*/
void input_info(fi_info *info);          /*按指定格式输入财务数据*/
void show_info(fi_data *p[],int count);  /*按指定格式显示财务数据*/
```

（4）文件实现。

① 文件包含定义。

```
#include<stdio.h>
#include<stdlib.h>
#include <string.h>
```

② 头节点定义。

```
 fi_data *head;
```

4．主菜单的定义

以下是主菜单中要显示的字符。

```
char menu[]=
 "===============================================\n"
 "| 家庭财务管理系统                           |\n"
 "+---------------------------+\n"
 "|   收入管理                                 |\n "
 "| <1> 添加收入信息                           |\n"
 "| <2> 查询收入明细                           |\n"
 "| <3> 删除收入信息                           |\n"
 "| <4> 修改收入信息                           |\n"
 "|   支出管理                                 |\n"
 "| <5> 添加支出信息                           |\n"
```

```
"|  <6> 查询支出明细                      |\n"
"|  <7> 删除支出信息                      |\n"
"|  <8> 修改支出信息                      |\n"
"|  统计                                 |\n"
"|  <9> 统计总收入信息和总支出信息          |\n"
"+-----------------------------+\n"
"| 输入<0>退出系统                        |\n"
"+-----------------------------+\n"  ;
```

5. 函数指针数组的定义

函数指针数组 menu_func 存储的是主菜单项中 10 个功能函数的地址，分别对应菜单项 0～9。

```c
void(*menu_fun[])() =
{
    quit,
    add_income,
    search_income,
    delete_income,
    update_income,
    add_payout,
    search_payout,
    delete_payout,
    update_payout,
    count_total
};
```

6. main 函数的定义

```c
int main()
{
    int selected = 0;
    initialize();
    while (selected >= 0 && selected <= MENU_COUNT)
    {
        system("cls");
        printf(menu);
        printf(">请选择要进行的操作(%d-%d:)", 0, MENU_COUNT);
        if (scanf("%d", &selected) != 1 || selected<0 || selected>MENU_COUNT)
        {
            printf(">输入错误!请选择[%d～%d]中的数!按任意键重试...", 0, MENU_COUNT);
            fflush(stdin);
                getchar();
        }
        else
        {
            menu_fun[selected]();
```

```
    }
        selected = 0;
    }
}
```

7. 主菜单对应的处理函数的定义

（1）add_income 函数。

函数功能：用户在主菜单界面中选择 1 时调用此函数，用来添加收入信息。

程序清单：

```
void add_income()
{
    fi_data *p = (fi_data *)malloc(sizeof(fi_data));
    memset(p, 0, sizeof(fi_data));
    p->next = NULL;
    input_info(&(p->info));
    p->info.type = income;
    if (head == NULL)
    {
        head = p;
    }
    else
    {
        head = get_last();
        head->next = p;
    }
}
```

（2）search_income 函数。

函数功能：用户在主菜单界面中选择 2 时调用此函数，用来查询收入明细。

处理过程：在 search_income 函数中调用 search_data 函数完成收入明细的查询操作。

程序清单：

```
void search_income()
{
    search_data(income);
}
```

（3）delete_income 函数。

函数功能：用户在主菜单界面中选择 3 时调用此函数，用来删除收入信息。

处理过程：在 delete_income 函数中调用 delete_data 函数完成收入信息的删除操作。

程序清单：

```
void delete_income()
{
    delete_data(income);
}
```

（4）update_income 函数。

函数功能：用户在主菜单界面中选择 4 时调用此函数，用来修改收入信息。

处理过程：在 update_income 函数中调用 update_data 函数完成收入信息的修改操作。

程序清单：

```
void update_income()
{
    update_data(income);
}
```

（5）add_payout 函数。

函数功能：用户在主菜单界面中选择 5 时调用此函数，用来添加支出信息。

程序清单：

```
void add_payout()
{
    fi_data *p = (fi_data *)malloc(sizeof(fi_data));
    memset(p, 0, sizeof(fi_data));
    input_info(&(p->info));
    p->info.type = payout;
    if (head == NULL)
    {
        head = p;
    }
    else
    {
        head = get_last();
        head->next = p;
    }
}
```

（6）search_payout 函数。

函数功能：用户在主菜单界面中选择 6 时调用此函数，用来查询支出明细。

处理过程：在 search_payout 函数中调用 search_data 函数完成支出明细的查询操作。

程序清单：

```
void search_payout()
{
    search_data(payout);
}
```

（7）delete_payout 函数。

函数功能：用户在主菜单界面中选择 7 时调用此函数，用来删除支出信息。

处理过程：在 delete_payout 函数中调用 delete_data 函数完成支出信息的删除操作。

程序清单：

```
void delete_payout()
{
```

```
        delete_data(payout);
    }
```

（8）update_payout 函数。

函数功能：用户在主菜单界面中选择 8 时调用此函数，用来修改支出信息。

处理过程：在 update_payout 函数中调用 update_data 函数完成支出信息的修改操作。

程序清单：

```
void update_payout()
{
    update_data(payout);
}
```

（9）count_total 函数。

函数功能：用户在主菜单界面中选择 9 时调用此函数，用来统计总收入信息和总支出信息。

程序清单：

```
void count_total()
{
    float total_income = 0.0;
    float total_payout = 0.0;
    fi_data *p = head;
    while (p != NULL)
    {
        if (p->info.type == income)
        {
            total_income += p->info.money;
        }
        else
        {
            total_payout += p->info.money;
        }
        p = p->next;
    }
    printf("+----------+----------+----------+\n");
    printf("|  总收入  |  总支出  |  结余  |\n");
    printf("+----------+----------+----------+\n");
    printf("|%12.2f|%12.2f|%2.2f|\n", total_income, total_payout, total_income
- total_payout);
    printf("+----------+----------+----------+\n");
    printf(">按任意键返回主菜单界面...");
    fflush(stdin);
    getchar();
}
```

（10）quit 函数。

函数功能：用户在主菜单界面中选择 0 时，调用此函数，用来退出系统。

处理过程：将单链表中的数据释放，完成系统的退出操作。

程序清单：

```
void quit()
{
    save_to_file();
    clear_data();
    exit(0);
}
```

8. 主要处理函数的定义

（1）search_data 函数。

函数功能：用于收入信息和支出信息的查询。

程序清单：

```
void search_data(fi_type type)
{
    int year = 0;
    int month = 0;
    fi_data *p = NULL;
    fi_data *result[9] = { NULL };
    int count = 0;
    char input = ' ';
    while (1)
    {
        printf(">请输入要查询的日期（例如：2009/1）");
        if (scanf("%d/%d", &year, &month) != 2)
        {
            printf(">输入错误。\n");
        }
        else
        {
            p = head;
            count = 0;
            memset(result, 0, sizeof(fi_data *));
            while (p != NULL)
            {
                if   (p->info.year  ==  year  &&  p->info.month  ==  month  &&
p->info.type == type)
                {
                    if (count<9)
                    {
                        result[count] = p;
                        count++;
                    }
                    else
```

```
            {
                show_info(result, count);
                printf(">按空格键翻页，按其他键退出。");
                fflush(stdin);
                input = getchar();
                if (input == ' ')
                {
                    memset(result, 0, sizeof(fi_data *));
                    count = 0;
                    result[count] = p;
                    count++;
                }
                else
                {
                    break;
                }
            }
        }
        p = p->next;
    }
    if (count != 0)
    {
        show_info(result, count);
    }
    else
    {
        printf(">没有查询到数据。\n");
    }
    printf(">继续查询其他数据？（y or n）");
    fflush(stdin);
    input = getchar();
    if (input == 'y' || input == 'Y')
    {
        continue;
    }
    else
    {
        break;
    }
    }

    }
}
```

（2）delete_data 函数。

函数功能：用于收入信息和支出信息的删除。

程序清单：

```
void delete_data(fi_type type)
{
    int year = 0;
    int month = 0;
    fi_data *p = NULL;
    fi_data *pre = NULL;
    fi_data *result[9] = { NULL };
    int count = 0;
    char input = ' ';
    int i = 0;
    while (1)
    {
        printf(">请输入要删除的日期（例如：2009/1）");
        if (scanf("%d/%d", &year, &month) != 2)
        {
            printf(">输入错误。\n");
        }
        else
        {
            p = head;
            count = 0;
            memset(result, 0, sizeof(fi_data *));
            while (p != NULL)
            {
                if (p->info.year == year && p->info.month == month &&
p->info.type == type)
                {
                    if (count<9)
                    {
                        result[count] = p;
                        count++;
                    }
                    else
                    {
                        show_info(result, count);
                        printf(">按空格键翻页，输入对应的序号进行删除，按其他键退出。");
                        fflush(stdin);
                        input = getchar();
                        if (input == ' ')
                        {
                            memset(result, 0, sizeof(fi_data));
                            count = 0;
                            result[count] = p;
                            count++;
```

```
        }
        else if (input >= '1'&&input <= 48 + count)
        {
            i = input - 49;
            pre = get_previous(result[i]);
            if (pre == NULL)
            {
                head = head->next;
            }
            else
            {
                pre->next = result[i]->next;
            }
            free(result[i]);
            for (; i<count - 1; i++)
            {
                result[i] = result[i + 1];
            }
            result[i] = p;
            printf(">删除成功。\n");
        }
        else
        {
            break;
        }
    }
}


p = p->next;
}
if (count != 0)
{
    show_info(result, count);
    printf(">按空格键翻页，输入对应的序号进行删除，按其他键退出。");
    fflush(stdin);
    input = getchar();
    if (input >= '1'&&input <= 48 + count)
    {
        i = input - 49;
        pre = get_previous(result[i]);
        if (pre == NULL)
        {
            head = head->next;
        }
        else
        {
```

```
                    pre->next = result[i]->next;
                }
                free(result[i]);
                for (; i<count - 1; i++)
                {
                    result[i] = result[i + 1];
                }
                result[i] = NULL;
                count--;
                printf(">删除成功。\n");
            }
        }
        else
        {
            printf(">没有查询到数据。\n");
        }
        printf(">继续查询其他数据? (y or n)");
        fflush(stdin);
        input = getchar();
        if (input == 'y' || input == 'Y')
        {
            continue;
        }
        else
        {
            break;
        }
    }
}
```

（3）update_data 函数。

函数功能：用于收入信息和支出信息的修改。

程序清单：

```
void update_data(fi_type type)
{
    int year = 0;
    int month = 0;
    fi_data *p = NULL;
    fi_data *pre = NULL;
    fi_data *result[9] = { NULL };
    int count = 0;
    char input = ' ';
    int i = 0;
    while (1)
    {
```

```
    printf(">请输入要修改的日期(例如: 2009/1)");
    if (scanf("%d/%d", &year, &month) != 2)
    {
        printf(">输入错误。\n");
    }
    else
    {

        p = head;
        count = 0;
        memset(result, 0, sizeof(fi_data *));
        while (p != NULL)
        {
            if (p->info.year == year && p->info.month == month &&
p->info.type == type)
            {
                if (count<9)
                {
                    result[count] = p;
                    count++;
                }
                else
                {
                    show_info(result, count);
                    printf(">按空格键翻页，输入对应的序号进行修改，按其他键退出。");
                    fflush(stdin);
                    input = getchar();
                    if (input == ' ')
                    {
                        memset(result, 0, sizeof(fi_data *));
                        count = 0;
                        result[count] = p;
                        count++;
                    }
                    else if (input >= '1'&&input <= 48 + count)
                    {
                        i = input - 49;
                        input_info(&(result[i]->info));
                        printf(">修改成功。\n");
                    }
                    else
                    {
                        break;
                    }
                }
            }
            p = p->next;
```

```
        }
        if (count != 0)
        {
            show_info(result, count);
            printf(">按空格键翻页，输入对应的序号进行修改，按其他键退出。");
            fflush(stdin);
            input = getchar();
            if (input >= '1'&&input <= 48 + count)
            {
                i = input - 49;
                input_info(&(result[i]->info));
                show_info(result, count);
                printf(">修改成功。\n");
            }
        }
        else
        {
            printf(">没有查询到数据。\n");
        }
        printf(">继续查询其他数据? (y or Y)");
        fflush(stdin);
        input = getchar();
        if (input == 'y' || input == 'Y')
        {
            continue;
        }
        else
        {
            break;
        }
    }
    }
}
```

9. 辅助函数的定义

（1）initialize 函数。

函数功能：用于系统初始化，包括初始化数据文件和单链表。

程序清单：

```
void initialize()
{
    FILE *fp = NULL;
    fi_data *p = NULL;
    fi_data *last = NULL;
    int count = 0;
    fp = fopen(DATA_FILE, "rb");
```

```
    if (fp == NULL)
    {
        fp = fopen(DATA_FILE, "w");
        fclose(fp);
        return;
    }
    p = (fi_data *)malloc(sizeof(fi_data));
    memset(p, 0, sizeof(fi_data));
    p->next = NULL;
    while (fread(&(p->info), sizeof(fi_info), 1, fp))
    {
        if (head == NULL)
        {
            head = p;
        }
        else
        {
            last = get_last();
            last->next = p;
        }
        count++;
        fseek(fp, count * sizeof(fi_info), SEEK_SET);
        p = (fi_data *)malloc(sizeof(fi_data));
        p->next = NULL;
    }
    free(p);
    p = NULL;
    fclose(fp);
}
```

（2）save_to_file 函数。

函数功能：用于将单链表中的数据存入文件。

程序清单：

```
void save_to_file()
{
    FILE *fp = fopen(DATA_FILE, "wb");
    fi_data *p = head;
    while (p != NULL)
    {
        fwrite(&(p->info), sizeof(fi_info), 1, fp);
        fseek(fp, 0, SEEK_END);
        p = p->next;
    }
    fclose(fp);
}
```

（3）clear_data 函数。

函数功能：用于清空单链表中的数据。

程序清单：

```
void clear_data()
{
    fi_data *p = NULL;
    while (head != NULL)
    {
        if (head->next != NULL)
        {
            p = head;
            head = head->next;
            free(p);
            p = NULL;
        }
        else
        {
            free(head);
            head = NULL;
        }
    }
}
```

（4）get_last 函数。

函数功能：用于取得财务数据链表中的最后一个节点。

程序清单：

```
fi_data *get_last()
{
    fi_data *p = head;
    if (p == NULL)
    {
        return p;
    }
    while ((p != NULL) && (p->next != NULL))
    {
        p = p->next;
    }
    return p;
}
```

（5）get_previous 函数。

函数功能：用于取得财务数据节点 p 的前一个节点。

程序清单：

```
fi_data *get_previous(fi_data *p)
{
```

```
    fi_data *previous = head;
    while (previous != NULL)
    {
        if (previous->next == p)
        {
            break;
        }
        previous = previous->next;
    }
    return previous;
}
```

（6）input_info 函数。

函数功能：用于按指定格式输入财务数据。

程序清单：

```
void input_info(fi_info *info)
{
    printf(">请输入日期（YYYY/M）:");
    scanf("%d/%d", &(info->month));
    printf(">请输入类型（1 为收入，-1 为支出）:");
    scanf("%d", &(info-> type));
    printf(">请输入家庭成员姓名（最大长度为%d）:", MAX_NAME - 1);
    scanf("%s", info->name);
    printf(">请输入金额: ");
    scanf("%f", &(info->money));
    printf(">请输入备注（最大长度为%d）:", MAX_DETAIL - 1);
    scanf("%s", info->detail);
}
```

（7）show_info 函数。

函数功能：用于按指定格式显示财务数据。

程序清单：

```
void show_info(fi_data *p[], int count)
{
    int i = 0;
    printf("+---+----------+-----+----------+----------+------------\n");
    printf("|No.| 日期 | 类型  | 家庭成员姓名  | 金额  | 备注  |\n ");
    for (i = 0; i<count; i++)
    {
        printf("|%3d|   %4d-%2d| %4s | % -10s  | %10.2f | %-20s  |\n",
            i + 1,
            p[i]->info.year, p[i]->info.month,
            p[i]->info.type == income ? "收入" : "支出",
```

```
            p[i]->info.name,
            p[i]->info.money,
            p[i]->info.detail);
        printf("+---+----------+-----+----------+----------+-----------\n");
    }
}
```

实用小型通讯录管理系统

16.1 实验目的

（1）掌握 C 语言的基本知识和技能。

（2）掌握 C 语言程序设计的基本思路和方法。

（3）能够综合利用所学的基本知识和技能，解决简单的程序设计问题。

16.2 基本要求

（1）读取一条通讯录记录并将该记录存入指定文件。

（2）将指定记录从文件中删除。

（3）通过姓名对通讯录记录进行查询并将查询结果输出到屏幕上。

（4）添加并保存通讯录记录。

（5）对通讯录记录进行整体浏览。

（6）系统设计界面友好，有操作提示功能。若保存的数据文件不存在，则提示打开失败。

16.3 算法分析

（1）实用小型通讯录管理系统的功能模块结构如图 16.1 所示。

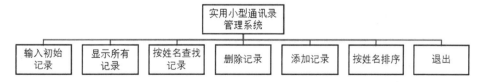

图 16.1　实用小型通讯录管理系统的功能模块结构

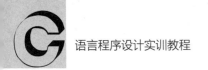

（2）定义一个结构体 addressbook，用于存放通讯录记录，该结构体有 5 个私有数据成员。

```
struct addressbook
{
  int  num;             /*编号*/
  char name[20];        /*姓名*/
  char email[20];       /*E-mail*/
  char tel[15];         /*电话号码*/
  char qq[15];          /*QQ号码*/
};
```

（3）定义多个函数，分别实现实用小型通讯录管理系统的各项功能，并通过全局函数进行功能设计，在 main 函数中通过对象调用函数，实现实用小型通讯录管理系统的输入初始记录、显示所有记录、按姓名查找记录、删除记录、添加记录、按姓名排序、退出功能。

函数原型及其功能如表 16.1 所示。

表 16.1　函数原型及其功能

函数	功能
Init	录入
List	浏览
SearchOnName	搜索
DeleteRecord	删除
AddRecord	添加
SortOnName	排序
SaveRecord	保存
LoadRecord	读取
Menu_select	主菜单
Exit	退出

（4）详细模块分析。

主函数通过 while 语句和 switch(Menu_select())语句来引用菜单函数，各个菜单函数都会返回一个值来控制主函数。

菜单函数通过 scanf 语句输入值，通过 while 语句判断输入值，并将这个输入值返回到主函数中。

Init 函数使用 scanf 函数和 printf 语句输入信息并将信息返回到主函数中。

List 函数使用 for 语句将结构体中的数据列表输出。

SearchOnName 函数使用语句 char s[20]，将输入的姓名赋予数组 s，使用 for 语句进行循环控制，使用语句 strcmp(s,t[i].name)==0 判断是否找到通讯录记录。

DeleteRecord 函数使用查找函数的方法来查找要删除的数据，将该组数据清空并将原数据计数器的值减一。

AddRecord 函数使用指针记录新结构体数据。

SortOnName 函数使用语句 if((strcmp(t[i].name,t[i+1].name))>0)比较各个姓名的字符串

来排序。

　　SaveRecord 函数使用指向文件的指针来保存数据。

　　LoadRecord 函数的参数为结构体，在文件中读取结构体指针。

　　（5）系统运行实现效果的主界面如图 16.2 所示。

图 16.2　系统运行实现效果的主界面

16.4　参考代码

```c
#include <stdio.h>
#include <conio.h>
#include <stdlib.h>
#include <string.h>
#include <ctype.h>
#define M 50
struct addressbook
{
    int num;
    char name[20];
    char email[20];
    char tel[15];
    char qq[15];
};
typedef struct addressbook AddressBook;

int Init(AddressBook t[]);
void List(AddressBook t[], int n);
void SearchOnName(AddressBook t[], int n);
int DeleteRecord(AddressBook t[], int n);
int AddRecord(AddressBook t[], int n);
void SortOnName(AddressBook t[], int n);
void SaveRecord(AddressBook t[], int n);
int LoadRecord(AddressBook t[]);
int Menu_select();
```

```
void main()
{
    AddressBook adr[M];
    int length;
    system("cls");
    while (1)
    {
        switch (Menu_select())
        {
        case 1: length = Init(adr);
            SaveRecord(adr, length);
            break;
        case 2:length = LoadRecord(adr);
            List(adr, length);
            break;
        case 3:length = LoadRecord(adr);
            SearchOnName(adr, length);
            break;
        case 4:length = LoadRecord(adr);
            length = DeleteRecord(adr, length);
            SaveRecord(adr, length);
            break;
        case 5:length = LoadRecord(adr);
            length = AddRecord(adr, length);
            SaveRecord(adr, length);
            break;
        case 6:length = LoadRecord(adr);
            SortOnName(adr, length);
            SaveRecord(adr, length);
            List(adr, length);
            break;
        case 0:exit(0); /*如返回值为 0 则结束程序*/
        }
    }
}

/*菜单函数，返回值为整数代表所选的菜单项*/
int Menu_select()
{
    int c;
    printf("press any key enter menu...\n");
    getch(); /*读入任意字符*/
    system("cls");
    printf("******************************** 欢 迎 使 用 通 讯 录 管 理 系 统
********************************\n\n");
    printf("\n");
```

```
    printf("*********************************MENU******************************
****\n\n");
    printf("              1. 输入初始记录\n");
    printf("              2. 显示所有记录\n");
    printf("              3. 按姓名查找记录\n");
    printf("              4. 删除记录\n");
    printf("              5. 添加记录\n");
    printf("              6. 按姓名排序\n");
    printf("              0. 退出\n");
    printf("****************************************************************
****\n");
    do {
        printf("\n Enter your choice(0-6):");

        if (scanf("%d", &c) != 1)
        {
            while (getchar() != '\n')
                continue;
            continue;
        }
    } while (c<0 || c>8);
    return c;
}


int Init(AddressBook t[])
{
    int i, n;
    system("cls");
    printf("\n 请输入记录数: \n");
    scanf("%d", &n);
    printf("开始输入记录: \n");
    for (i = 0; i<n; i++)
    {
        system("cls");
        printf("\n第%d 条记录的编号: ", i + 1);
        scanf("%d", &t[i].num);
        printf("第%d 条记录的姓名: ", i + 1);
        scanf("%s", t[i].name);
        printf("第%d 条记录的 E-mail: ", i + 1);
        scanf("%s", t[i].email);
        printf("第%d 条记录的电话号码: ", i + 1);
        scanf("%s", t[i].tel);
        printf("第%d 条记录的 QQ 号码: ", i + 1);
        scanf("%s", t[i].qq);


    }
```

```
        return (n);
    }

    void List(AddressBook t[], int n)
    {
        int i;
        system("cls");
        printf("\n\n********************************AD-
DRESS***********************************\n");
        printf("编号          姓名          E-mail          电话号码          QQ号码\n");
        printf("-------------------------------------------------------------
----------\n");
        for (i = 0; i<n; i++)
        {
            printf("%-6d%-20s%-20s", t[i].num, t[i].name, t[i].email);
            printf("%-15s%-15s\n", t[i].tel, t[i].qq);
            if ((i + 1) % 10 == 0)
            {
                printf("press any key continue...\n");
                getch();
            }
        }
        printf("******************************************end****************************
**********\n");

    }


    /*查找记录*/
    void SearchOnName(AddressBook t[], int n)
    {
        char s[20];
        int i, flag = 0;
        system("cls");
        printf("请输入要查找的姓名: \n");
        scanf("%s", s);
        for (i = 0; i<n; i++)
        {
            if (strcmp(s, t[i].name) == 0)
            {
                flag = 1;
                system("cls");
                printf("\n\n 此人的信息如下: \n");
                printf("编号          姓名          E-mail          电话号码          QQ号码\n");
                printf("-------------------------------------------------------------
-----------------\n");
```

```c
            printf("%-6d%-20s%-20s", t[i].num, t[i].name, t[i].email);
            printf("%-15s%-15s\n", t[i].tel, t[i].qq);
        }
    }
    if (flag == 0)
        printf("查无此人!! \n");
}


int DeleteRecord(AddressBook t[], int n)
{
    char s[20];
    char ch = 'N';
    int i, j, flag = 0;
    system("cls");
    printf("请输入要删除的姓名\n");
    scanf("%s", s);
    for (i = 0; i<n; i++)
    {
        if (strcmp(s, t[i].name) == 0)
        {
            flag = 1;
            system("cls");
            printf("\n\n********************************AD-
DRESS********************************\n");
            printf("编号        姓名        E-mail        电话号码        QQ 号码\n");
            printf("-----------------------------------------------------------
-----------------\n");
            printf("%-6d%-20s%-20s", t[i].num, t[i].name, t[i].email);
            printf("%-15s%-15s\n", t[i].tel, t[i].qq);
            printf("Are you sure delete it(Y/N)\n");
            ch = getch();
            if (ch == 'y' || ch == 'Y')
            {
                for (j = i; j<n - 1; j++)
                    t[j] = t[j + 1];
                n--;
                i--;
            }

        }
    }
    if (flag == 0)
        printf("查无此人!! \n");
    return n;
}
int AddRecord(AddressBook t[], int n)
```

```c
{
    int i, m;
    char *s;
    system("cls");
    printf("\n 请输入要添加的记录数: \n");
    scanf("%d", &m);
    printf("开始添加记录\n");
    for (i = n; i<n + m; i++)
    {
        system("cls");
        printf("\n第%d 条记录的编号: ", i + 1);
        scanf("%d", &t[i].num);
        printf("第%d 条记录的姓名: ", i + 1);
        scanf("%s", t[i].name);
        printf("第%d 条记录的E-mail: ", i + 1);
        scanf("%s", t[i].email);
        printf("第%d 条记录的电话号码: ", i + 1);
        scanf("%s", t[i].tel);
        printf("第%d 条记录的QQ 号码: ", i + 1);
        scanf("%s", t[i].qq);

    }
    return (n + m);
}
void SortOnName(AddressBook t[], int n)
{
    int i, j, flag;
    AddressBook temp;
    for (j = 1; j<n; j++)
        for (i = 0; i<n - j; i++)
            if ((strcmp(t[i].name, t[i + 1].name))>0) /*比较大小*/
            {
                temp = t[i];
                t[i] = t[i + 1];
                t[i + 1] = temp;
            }
    printf("排序成功!!!\n");
}

/*保存函数，参数为结构体数组和记录数*/
void SaveRecord(AddressBook t[], int n)
{
    int i;
    FILE *fp; /*指向文件的指针*/
    if ((fp = fopen("record.txt", "w")) == NULL)
    {
```

```
        printf("Can not open file!\n");
        exit(1);
    }
    fprintf(fp, "%d\n", n);
    for (i = 0; i<n; i++)
    {
        fprintf(fp, "%-6d%-20s%-20s", t[i].num, t[i].name, t[i].email);
        fprintf(fp, "%-15s%-15s", t[i].tel, t[i].qq);
        fprintf(fp, "\r\n");
    }
    fclose(fp);/*关闭文件*/
}
/*读取函数，参数为结构体数组*/
int LoadRecord(AddressBook t[])
{
    int i, n;
    FILE *fp;
    if ((fp = fopen("record.txt", "r")) == NULL)
    {
        printf("Cannot open file!\n");
        exit(1);
    }
    fscanf(fp, "%d", &n);
    for (i = 0; i<n; i++)
        fscanf(fp, "%6d%20s%20s%15s%15s", &t[i].num, t[i].name, t[i].email,
t[i].tel, t[i].qq);
    fclose(fp);
    printf("从文件中成功读取记录!!!\n");
    return n;
}
```

附录 A

全国计算机等级考试二级 C 语言

程序设计考试大纲

全国计算机等级考试二级公共基础知识
考试大纲（2023 年版）

- **基本要求**

1. 掌握计算机系统的基本概念，理解计算机硬件系统和计算机操作系统。

2. 掌握算法的基本概念。

3. 掌握基本数据结构及其操作。

4. 掌握基本排序和查找算法。

5. 掌握逐步求精的结构化程序设计方法。

6. 掌握软件工程的基本方法，具有初步应用相关技术进行软件开发的能力。

7. 掌握数据库的基本知识，了解关系数据库的设计。

- **考试内容**

一、计算机系统

1. 掌握计算机系统的结构。

2. 掌握计算机硬件系统结构，包括 CPU 的功能和组成，存储器分层体系，总线和外部设备。

3. 掌握操作系统的基本组成，包括进程管理、内存管理、目录和文件系统、I/O 设备管理。

二、基本数据结构与算法

1．算法的基本概念；算法复杂度的概念和意义（时间复杂度与空间复杂度）。

2．数据结构的定义；数据的逻辑结构与存储结构；数据结构的图形表示；线性结构与非线性结构的概念。

3．线性表的定义；线性表的顺序存储结构及其插入与删除运算。

4．栈和队列的定义；栈和队列的顺序存储结构及其基本运算。

5．线性单链表、双向链表与循环链表的结构及其基本运算。

6．树的基本概念；二叉树的定义及其存储结构；二叉树的前序、中序和后序遍历。

7．顺序查找与二分法查找算法；基本排序算法（交换类排序，选择类排序，插入类排序）。

三、程序设计基础

1．程序设计方法与风格

2．结构化程序设计。

3．面向对象的程序设计方法，对象，方法，属性及继承与多态性。

四、软件工程基础

1．软件工程基本概念，软件生命周期概念，软件工具与软件开发环境。

2．结构化分析方法，数据流图，数据字典，软件需求规格说明书。

3．结构化设计方法，总体设计与详细设计。

4．软件测试的方法，白盒测试与黑盒测试，测试用例设计，软件测试的实施，单元测试、集成测试和系统测试。

5．程序的调试，静态调试与动态调试。

五、数据库设计基础

1．数据库的基本概念：数据库，数据库管理系统，数据库系统。

2．数据模型，实体联系模型及 E-R 图，从 E-R 图导出关系数据模型。

3．关系代数运算，包括集合运算及选择、投影、连接运算，数据库规范化理论。

4．数据库设计方法和步骤：需求分析、概念设计、逻辑设计和物理设计的相关策略。

● 考试方式

1．公共基础知识不单独考试，与其他二级科目组合在一起，作为二级科目考核内容的一部分。

2．上机考试，10 道单项选择题，占 10 分。

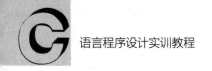

全国计算机等级考试二级 C 语言程序设计考试大纲（2023 年版）

- **基本要求**

1．熟悉 Visual C++集成开发环境。

2．掌握结构化程序设计的方法，具有良好的程序设计风格。

3．掌握程序设计中简单的数据结构和算法并能阅读简单的程序。

4．在 Visual C++集成环境下，能够编写简单的 C 程序，并具有基本的纠错和调试程序的能力。

- **考试内容**

一、C 语言程序的结构

1．程序的构成，main 函数和其他函数。

2．头文件，数据说明，函数的开始和结束标志以及程序中的注释。

3．源程序的书写格式。

4．C 语言的风格。

二、数据类型及其运算

1．C 的数据类型（基本类型，构造类型，指针类型，空类型）及其定义方法。

2．C 运算符的种类、运算优先级和结合性。

3．不同类型数据间的转换与运算。

4．C 表达式类型（赋值表达式，算术表达式，关系表达式，逻辑表达式，条件表达式，逗号表达式）和求值规则。

三、基本语句

1．表达式语句，空语句，复合语句。

2．输入输出函数的调用，正确输入数据并正确设计输出格式。

四、选择结构程序设计

1．用 if 语句实现选择结构。

2．用 switch 语句实现多分支选择结构。

3．选择结构的嵌套。

五、循环结构程序设计

1．for 循环结构。

2．while 和 do-while 循环结构。

3．continue 语句和 break 语句。

4．循环的嵌套。

六、数组的定义和引用

1．一维数组和多维数组的定义、初始化和数组元素的引用。

2．字符串与字符数组。

七、函数

1．库函数的正确调用。

2．函数的定义方法。

3．函数的类型和返回值。

4．形式参数与实际参数，参数值的传递。

5．函数的正确调用，嵌套调用，递归调用。

6．局部变量和全局变量。

7．变量的存储类别（自动，静态，寄存器，外部），变量的作用域和生存期。

八、编译预处理

1．宏定义和调用（不带参数的宏，带参数的宏）。

2．"文件包含"处理。

九、指针

1．地址与指针变量的概念，地址运算符与间址运算符。

2．一维、二维数组和字符串的地址以及指向变量、数组、字符串、函数、结构体的指针变量的定义。通过指针引用以上各类型数据。

3．用指针作函数参数。

4．返回地址值的指针函数。

5．指针数组，指向指针的指针。

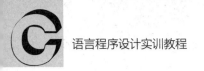

十、结构体（即"结构"）与共同体（即"联合"）

1．用 typedef 说明一个新类型。

2．结构体和共用体类型数据的定义和成员的引用。

3．通过结构体构成链表，单向链表的建立，节点数据的输出、删除与插入。

十一、位运算

1．位运算符的含义及使用。

2．简单的位运算。

十二、文件操作

只要求缓冲文件系统（即高级磁盘 I/O 系统），对非标准缓冲文件系统（即低级磁盘 I/O 系统）不要求。

1．文件类型指针（FILE 类型指针）。

2．文件的打开与关闭（fopen，fclose 函数的应用）。

3．文件的读写（fputc，fgetc，fputs，fgets，fread，fwrite，fprintf，fscanf 函数的应用），文件的定位（rewind，fseek 函数的应用）。

● 考试方式

上机考试，考试时长 120 分钟，满分 100 分。

1．题型及分值

单项选择题 40 分（含公共基础知识部分 10 分）。

操作题 60 分（包括程序填空题、程序修改题及程序设计题）。

2．考试环境

操作系统：中文版 Windows 7。

开发环境：Microsoft Visual C++ 2010 学习版。